A Guide Book of Korean Hawk Moths
한국 박각시

한국 생물 목록 37
CHECKLIST OF ORGANISMS IN KOREA

한국 박각시
A Guide Book of Korean Hawk Moths

펴낸날 2024년 6월 5일
지은이 남현우

펴낸이 조영권
만든이 노인향
꾸민이 ALL contents group

펴낸곳 자연과생태
등록 2007년 11월 2일(제2022-000115호)
주소 경기도 파주시 광인사길 91, 2층
전화 031-955-1607 **팩스** 0503-8379-2657
이메일 econature@naver.com
블로그 blog.naver.com/econature

ISBN 979-11-6450-062-8 96490

A Guide Book of Korean Hawk Moths

한국 박각시

글·사진 | 남현우

자연과생태

머리말

박각시는 나방의 한 무리로 국내에서는 일시적으로 외국에서 날아온 종을 포함해 62종이 확인되었고 그중에서 60종이 보고되었으며 약 49종이 자생한다. 성충은 날렵한 매나 비행기처럼 생겼으며 유충은 배 끝에 꼬리뿔이 돋았다.

유충은 깻잎에서 많이 보여 예부터 깨벌레라고 불리기도 하고 낚시 미끼로도 쓰였다. 서양에서는 미적 가치가 뛰어난 곤충으로 여겨 여러 그림에도 등장하며 영화 〈양들의 침묵〉 포스터에 실려 유명해지기도 했고 파충류, 조류, 어류의 사료 곤충으로도 활용된다. 한편 밭작물의 해충 취급을 받기도 하며 한때 뱀눈박각시는 조경을 헤치는 돌발해충으로 지정되기도 했다. 그러나 유충이 농작물에 해를 끼치는 종은 매우 적으며 대부분은 산림의 나뭇잎을 먹는다. 일부 식물은 박각시에게만 꽃가루받이를 의존하기도 한다.

낮에 보이는 종은 매우 적으며 대부분은 산지성이고 야행성이라 마주치기 어렵다. 게다가 사람들이 산림에 도로나 거주지를 건설하고 가로등도 많이 설치하면서 박각시 서식지가 분할되고 단편화되고 있어 한곳에서 다양한 박각시를 보기가 어려울 뿐만 아니라 개체수도 급격히 줄고 있다. 박각시는 종마다 기주식물이 다르므로 산림 개발로 기주식물이 줄거나 사라지면 그 지역에서 절멸하기도 한다. 이런 이유로 많은 사람이 박각시를 알아보고 친숙하게 여기길 바라며 이 도감을 준비했다. 비록 집중 조사 기간이 4년으로 짧고 국지적 조사이며 학문적 소양이 부족해 아쉬운 점도 있지만, 박각시에 대한 관심도와 이해도를 높이는 데에 기여하고 현장 관찰에도 활용되길 바란다.

도감 준비에 도움을 준 안동대학교 식물의학과 곤충생태학 연구실 정철의 교수님과 실험실 분들, 질문에 적극적으로 답변해 주신 동아시아환경생물연구소 김성수 소장님, 표본실 열람을 허락해 주신 안동대학교 생명과학전공 이종은 교수님, 목포대학교 최세웅 교수님, 오해룡 님, 일부 사진 자료를 제공해 주신 구준희 님, 이관희 님, 라대경 님, 강대경 님, 레즐리 허튜(Leslie Hurteau) 님, 조사지를 조언해 주신 이정빈 님과 발전기를 빌려준 예성근 님께 감사한 마음을 전한다.

2024년 6월 **남현우**

일러두기

- 국내에서 보고된 박각시 3아과 32속 62종을 실었다.
- 학명과 국명은 『한국곤충명집』(한국응용곤충학회, 한국곤충학회, 2022)을 기준으로 삼았으며 여기에 기재되지 않은 종은 「국가생물종목록」(국립생물자원관, 2023)을 참고했다.
- '기주식물'은 대부분 참고문헌을 인용했으며, 그 외는 조사하며 확인했다.
- '출현시기'는 성충이 발생하는 기간을 뜻한다.
- '날개 편 길이'는 성충이 날개를 폈을 때 한쪽 날개 끝부터 반대쪽 날개 끝까지의 길이이며, '몸길이'는 머리 끝에서 배 끝까지의 길이이다.
- '분포 지도'는 저자가 관찰한 기록을 바탕으로 작성했으나 기록이 적은 종은 〈국가생물종지식정보시스템〉(산림청 국립수목원)의 정보도 활용했다.
- '성충 관찰기록'은 개체를 관찰한 고도와 시기를 기록한 표로 전국 관찰지역을 종합해 정리했기 때문에 각 지역에서는 차이가 날 수 있다. 관찰기록이 적은 종은 참고문헌을 인용했다.
- 세밀한 동정이 가능하도록 표본 사진을 실었으며 유사종이 있으면 별도 분류키를 덧붙였다. 아울러 현장에서 관찰할 때 동정하기 쉽도록 생태 사진을 실었으며, 생김새만으로 분류할 수 없는 종은 생식기 형질을 통한 분류 방법을 소개했다.
- 생식기 형질을 통한 분류는 대체로 Juxta, Uncus, Sacclus, Clasper 형질을 비교하나 이 책에서는 액체에서 꺼냈을 때 찌그러지지 않는 Sacclus, Clasper 형질만을 제시했다.
- 국내 서식 종의 형태 및 생태 설명은 대부분 저자의 채집기록 및 표본자료를 바탕으로 작성했으며 해외에서 일시적으로 유입된 종의 일부는 외국산이나 다른 채집자의 표본을 참고했다.

차례

박각시는 어떤 곤충?

박각시는 절지동물문 곤충강 나비목 누에나방상과 박각시과에 속한 나방을 통틀어 일컫는 이름이다. 전 세계에 분포하며 영어권에서는 매를 닮았다고 해서 호크모스(Hawk Moth)라고 부른다. 국내에서는 우산접(偶産蝶)과 미접(迷蝶)을 포함해 총 62종이 확인되었다. 우산접은 외국 먼 지역에서 바람이나 기류를 타고 우연히 국내로 날아온 것이고 미접은 바람이나 운송 수단에 실려 국내에 들어와 겨울이 오기 전까지 세대를 이어 갈 수 있는 종을 말한다.

종에 따라 알, 유충, 성충, 번데기로 겨울을 나며, 유충은 몸집이 큰 만큼 엄청난 양을 먹다가 봄부터 늦가을 사이에 땅속이나 낙엽 밑에 방을 만들고 번데기로 탈바꿈한다. 유충은 다양한 나무의 잎을 먹는데 일부 종을 제외한 대부분이 활엽수 잎을 먹는다. 유충 배다리는 4쌍이고 배 끝에 꼬리뿔이 있어 다른 나방 유충과 구별하기 쉽다.

성충은 활동시간에 따라 주행성과 야행성으로 나눌 수 있는데 대체로 국내에 사는 주행성 종은 꼬리박각시아과에 속하며, 야행성 종은 대부분 버들박각시아과나 박각시아과에 속하고 꼬리박각시아과의 일부 종도 포함된다. 성충 주둥이는 말린 대롱 모양으로 나비목의 다른 종보다 주둥이가 훨씬 긴 편이어서 웬만한 곤충이 꽃가루받이를 돕지 못하는 일부 식물은 박각시에게 전적으로 꽃가루받이를 의존한다. 국내에 사는 박각시 가운데 가장 큰 종은 대왕박각시로 날개 편 길이가 약 13cm에 이르며, 가장 작은 종은 애벌꼬리박각시로 날개 편 길이가 약 3cm이다.

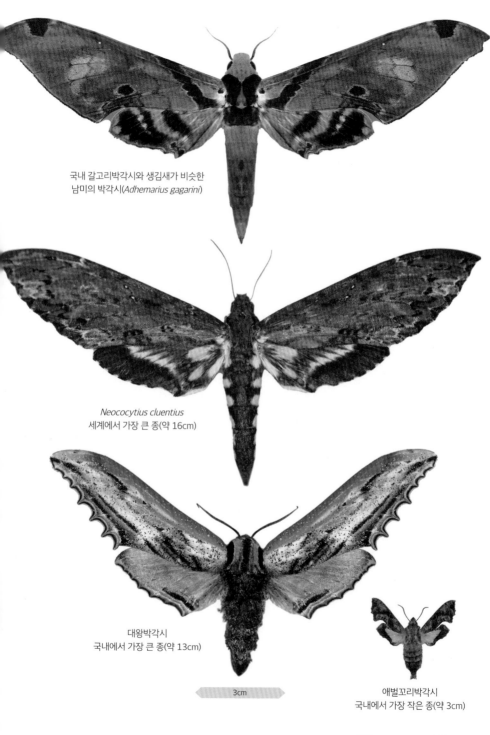

국내 갈고리박각시와 생김새가 비슷한
남미의 박각시(*Adhemarius gagarini*)

Neococytius cluentius
세계에서 가장 큰 종(약 16cm)

대왕박각시
국내에서 가장 큰 종(약 13cm)

3cm

애벌꼬리박각시
국내에서 가장 작은 종(약 3cm)

생태

알 보통 공 모양으로 크기는 종마다 다르다. 기온에 따라서 빠르면 2주 만에 부화하는 종도 있고 휴면하다가 이듬해 부화하는 종도 있다. 연두색이나 갈색이었다가 부화할 무렵 색이 변한다. 주로 기주식물에 알을 낳으나 전혀 상관없는 장소에 알을 낳기도 한다.

유충 보통 1~5령까지 탈피하며 연령에 따라 생김새가 다른 종이 많다. 용화(유충에서 번데기로 변태) 전에는 등선 사이나 몸 색깔이 바뀌며 유충 상태로 겨울을 나는 종도 있다. 나비목의 대부분 종 유충과 달리 꼬리뿔이 돋은 것이 특징이다. 유충 머리 모양은 달걀 모양이거나 둥근 모양 등 다양하다. 종마다 특정 식물을 먹이로 삼는다.

번데기 정수리가 튀어나온 모양, 원통 모양 등 생김새가 다양하다. 번데기는 피용(obtect pupa; 더듬이, 주둥이, 다리, 날개 같은 성충의 생김새가 보이며 껍질이 몸에 붙어 있는 번데기)이다. 많은 종이 번데기로 겨울을 나며 호르몬의 양, 습도, 온도 등이 적정 조건이 되어야 날개돋이한다.

성충 벌새처럼 정지비행을 하며 꿀이나 수액을 빠는 종이 많고, 앞다리를 꽃에 걸치고 먹는 종도 있다. 주행성, 야행성, 미명성(해가 뜨기 전이나 밤이 되기 전 빛이 약할 때에만 활동)으로 종마다 활동시간이 다르며 같은 종이라도 환경에 따라 활동시간이 다르기도 하다. 일부 종은 성충으로 겨울을 난다.

알

5령 유충

번데기

성충

유충 및 번데기 형질 박각시과는 완전변태 곤충으로 알, 유충, 번데기, 성충 과정을 거친다. 이 책에서는 성충의 생김새를 기준으로 설명하지만, 생김새가 비슷해 동정이 어려운 종이더라도 유충이나 번데기의 생김새는 다른 종이 많기 때문에 유충과 번데기 생김새를 분류 기준으로 삼기도 한다. 그러나 같은 종이라도 변이가 많아 자료를 더욱 축적할 필요가 있다.

주홍박각시 5령

박각시 5령

머루박각시 5령

벌꼬리박각시 번데기

박각시 번데기

대왕박각시 날개돋이 직전
내부가 보이는 번데기

형태

머리 겹눈과 주둥이, 더듬이가 있다. 겹눈은 낱눈이 모여 이루어지며 박각시과
는 홑눈이 따로 없는 것이 특징이다. 주둥이는 나비목 다른 종들과 마찬
가지로 긴 대롱 모양이고 꿀, 수액 등을 먹는다. 더듬이는 복합감각기관
으로 긴 곤봉 또는 굵은 실 모양인 것이 특징이다.

가슴 날개 2쌍과 다리 3쌍이 있다. 앞뒤 날개는 날개가시(frenulum)와 보대
(retinaculum)로 연결되어 한 장처럼 움직여 비행한다. 날개에는 시맥이 뻗
어 있어 넓은 면을 지지한다.

배 배설 및 산란 기관이 있으며 수컷에게는 짝짓기할 때 암컷을 붙잡는 파
악기가 있다.

큰쥐박각시

시맥 구조

SC + R1(아전연맥, Subcosta + Radius1): 아전연맥과 제1경맥은 합쳐지거나 따로 나와서 만난다.

R3(제2경맥 + 제3경맥, Radius2 + Radius3): 제2경맥과 제3경맥이 합쳐지거나 합쳐졌다가 갈라지기도 한다.

M1~M3(제1중맥~제3중맥): 중실에서 빠져나와서 날개 외연까지 뻗는다. 종에 따라 제1중맥은 제5경맥에서 나오든지 합쳐진다.

CuA1(전제1주맥, Anterior Cubital vein1): 날개 아래쪽에 있다.

CuA2(전제2주맥, Anterior Cubital vein2): 날개 아래쪽에 있다.

1A~3A(둔맥, Anal Vein): 날개 뒤편을 지지하며 종에 따라서 2A나 3A가 있다.

RS(경분맥, Radial Sector): 뒷날개 위쪽에서 잘 드러난다.

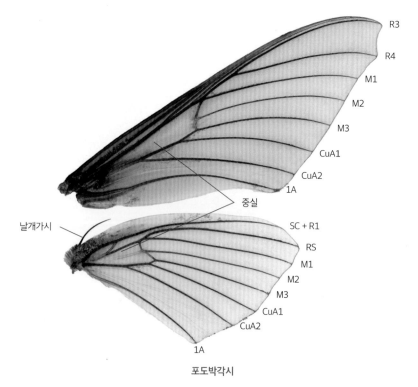

포도박각시

* 시맥은 분류키로 삼을 만큼 종마다 차이가 있으며, 종에 따라 어떤 시맥은 없을 수도 있다.

날개 각 부위 이름

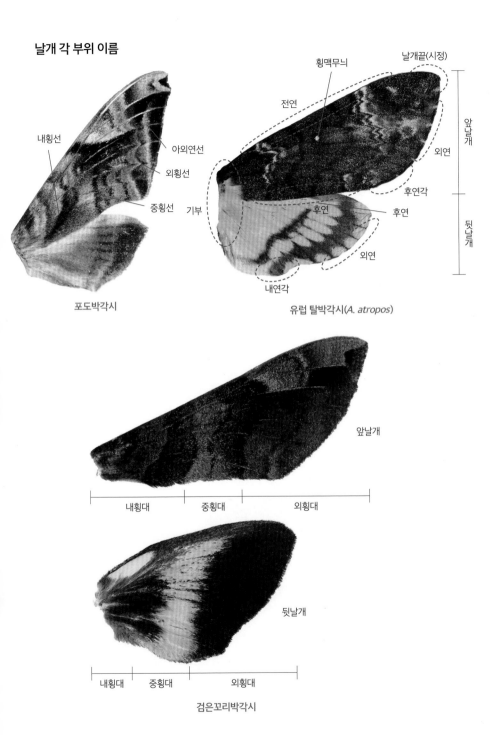

내횡선

아외연선

외횡선

중횡선

기부

포도박각시

횡맥무늬

날개끝(시정)

전연

외연

후연각

후연

내연각

후연

외연

앞날개

뒷날개

유럽 탈박각시(*A. atropos*)

앞날개

내횡대   중횡대   외횡대

뒷날개

내횡대   중횡대   외횡대

검은꼬리박각시

유충 각 부위 이름

머리(Head Capsule): 구기, 더듬이, 겹눈 등 감각 기관이 모여 있다.

가슴마디(Thoracic Segments): 가슴다리가 있으며 배마디보다 딱딱한 마디(Prothoracic Shield)가 있다.

배마디(Abdominal Segments): 배다리가 있다.

꼬리뿔(Horn): 배 끝 돌출 부위로 박각시과와 밤나방과, 산누에나방과, 왕물결나방과의 일부 종 유충에서 보인다.

꼬리다리(Anal Proleg): 다리 가운데 흡착력이 가장 강해서 다양한 사물에 부착 및 지지하도록 돕는다.

가슴다리(Thoracic Legs): 배다리 및 꼬리다리처럼 달라붙는 용도가 아니라 이동할 때 사용하며 발톱으로 사물을 붙잡는다.

배다리(Abdominal Prolegs): 다양한 사물에 쉽게 부착하도록 돕는다.

기문(Spiracles): 호흡기관으로 환경에 따라 여닫을 수 있다.

기문선(Spiracular Line): 기문을 따라 연결된 줄이다.

기문상선(Supraspiracular Line): 기문선 위에 있는 줄이다.

기문하선(Subspiracular Line): 기문선 바로 아래에 있는 줄이다.

기선(Basal Line): 기문하선 아래에 있는 줄로 배다리 위에 있다.

* 기문상선, 기문하선, 기선, 기문선은 모든 유충에서 보이지는 않으며, 아래 사진에서처럼 일부 줄이 무늬로 나타날 수도 있다. 이런 이유로 한 종의 사진만으로 모든 부위를 설명하기는 어렵다는 점을 일러둔다.

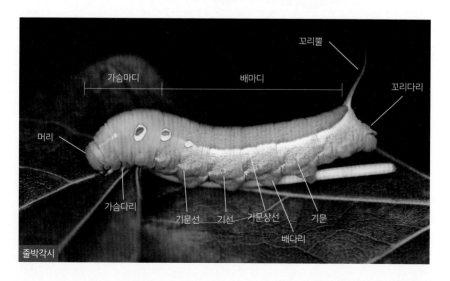

주둥이 구조

이 책에서는 박각시 성충의 구기(빠는 입 형태)를 주둥이라고 표기한다. 평소에는 아랫입술수염에 감춰져 있지만 먹이를 빨 때에는 쭉 편다. 해외에서는 주둥이 길이를 측정해 화분매개 식물을 찾는 연구도 있었다. 흡밀원에 따라 주둥이 길이에 차이가 있지만 흡밀원이 같더라도 종의 생태 및 행동 양식에 따라 길이 차이가 크다.

박각시 대부분은 정지비행을 하면서 주둥이를 뻗어 먹이를 빠는데 흡밀원에서 멀리 떨어지거나 가까이에서 또는 다리를 걸치고 정지비행을 하는 종이 있다. 벌통에 들어가서 꿀을 빠는 탈박각시는 주둥이가 짧고 굵으며 달맞이꽃에서 정지비행을 하며 꿀을 빠는 박각시는 주둥이가 길고 가늘다.

아래에서 본 주둥이(*Eumorpha anchemolus*)

아랫입술수염에 감춰진 주둥이(*Eumorpha anchemolus*)

큰쥐박각시

박각시

큰황나꼬리박각시

한국 박각시 목록

박각시아과 Sphinginae

속 국명미정 *Agrius*
1. 박각시 *Agrius convolvuli* (Linnaeus, 1758)

탈박각시속 *Acherontia*
2. 탈박각시 *Acherontia styx medusa* Moore, [1858]
3. 국명미정 *Acherontia lachesis* (Fabricius, 1798)

줄홍색박각시속 *Sphinx*
4. 줄홍색박각시 *Sphinx ligustri amurensis* Oberthür, 1886
5. 솔박각시 *Sphinx morio arestus* (Jordan, 1931)
6. 붉은솔박각시 *Sphinx caligineus* Butler, 1877

속 국명미정 *Meganoton*
7. 쥐박각시 *Meganoton scribae* (Austaut, 1911)

속 국명미정 Psilogramma
8. 큰쥐박각시 *Psilogramma increta* (Walker, 1865)

버들박각시아과 Smerinthinae

갈고리박각시속 *Ambulyx*
9. 아시아갈고리박각시 *Ambulyx sericeipennis tobii* (Inoue, 1976)
10. 점갈고리박각시 *Ambulyx ochracea* Butler, 1885
11. 갈고리박각시 *Ambulyx japonica koreana* Inoue, 1993
12. 노랑갈고리박각시 *Ambulyx schauffelbergeri* Bremer and Grey, 1852

물결박각시속 *Dolbina*
13. 물결박각시 *Dolbina tancrei* Staudinger, 1887
14. 애물결박각시 *Dolbina exacta* Staudinger, 1892

갈색박각시속 *Sphingulus*
15. 갈색박각시 *Sphingulus mus* Staudinger, 1887

점박각시속 *Kentrochrysalis*
16. 점박각시 *Kentrochrysalis sieversi* Alphéraky, 1897

17. 물결무늬점박각시 *Kentrochrysalis streckeri* (Staüdinger, 1880)

버들박각시속 *Smerinthus*

18. 버들박각시 *Smerinthus caecus* Ménétriès, 1875
19. 뱀눈박각시 *Smerinthus planus* Walker, 1856

속 국명미정 *Daphnusa*

20. 동방호랑박각시 *Daphnusa sinocontinentalis* Brechlin, 2009

속 국명미정 *Laothoe*

21. 톱날개박각시 *Laothoe amurensis* (Staudinger, 1892)

속 국명미정 *Phyllosphingia*

22. 벚나무박각시 *Phyllosphingia dissimilis* (Bremer, 1861)

콩박각시속 *Clanis*

23. 콩박각시 *Clanis bilineata* (Walker, 1886)
24. 무늬콩박각시 *Clanis undulosa* Moore, 1879

등줄박각시속 *Marumba*

25. 제주등줄박각시 *Marumba spectabilis* (Butler, 1875)
26. 산등줄박각시 *Marumba maackii* (Bremer, 1861)
27. 분홍등줄박각시 *Marumba gaschkewitschii* (Bremer and Grey, [1853])
28. 등줄박각시 *Marumba sperchius* (Ménétriès, 1857)
29. 작은등줄박각시 *Marumba jankowskii* (Oberthür, 1880)

속 국명미정 *Langia*

30. 대왕박각시 *Langia zenzeroides* Moore, 1872

속 국명미정 *Mimas*

31. 톱갈색박각시 *Mimas christophi* (Staudinger, 1887)

녹색박각시속 *Callambulyx*

32. 녹색박각시 *Callambulyx tatarinovii* (Bremer and Grey, 1852)
33. 뒷흰남방박각시 *Callambulyx rubricosa* (Walker, 1856)

속 국명미정 *Parum*

34. 닥나무박각시 *Parum colligata* (Walker, 1856)

——— 꼬리박각시아과 Macroglossinae

포도박각시속 *Acosmeryx*

35. 포도박각시 *Acosmeryx naga* (Moore, 1857)
36. 산포도박각시 *Acosmeryx castanea* Rothschild and Jordan, 1903

속 국명미정 *Ampelophaga*

37. 머루박각시 *Ampelophaga rubiginosa* Bremer and Grey, [1852]

줄박각시속 *Theretra*

38. 노랑줄박각시 *Theretra nessus* (Drury, 1773)
39. 줄박각시 *Theretra japonica* (Boisduval, 1867)
40. 세줄박각시 *Theretra oldenlandiae* (Fabricius, 1775)
41. 큰줄박각시 *Theretra clotho* (Druuy, 1773)

속 국명미정 *Rhagastis*

42. 우단박각시 *Rhagastis mongoliana* (Butler, 1875)

주홍박각시속 *Deilephila*

43. 애기박각시 *Deilephila askoldensis* (Oberthür, 1879)
44. 주홍박각시 *Deilephila elpenor* (Linnaeus, 1758)

속 국명미정 *Cephonodes*

45. 줄녹색박각시 *Cephonodes hylas* (Linnaeus, 1771)

속 국명미정 *Aspledon*

46. 애벌꼬리박각시 *Aspledon himachala* (Butler, 1875)

꼬리박각시속 *Macroglossum*

47. 작은검은꼬리박각시 *Macroglossum bombylans* (Boisduval, [1875])
48. 벌꼬리박각시 *Macroglossum pyrrhostictum* (Butler, 1875)
49. 검은꼬리박각시 *Macroglossum saga* (Butler, 1878)
50. 뾰족벌꼬리박각시 *Macroglossum corythus* Walker, 1856
51. 흑산벌꼬리박각시 *Macroglossum passalus* (Drury, 1773)
52. 일자무늬박각시 *Macroglossum heliophilum* (Boisduval, 1875)
53. 꼬리박각시 *Macroglossum stellatarum* (Linnaeus, 1758)

황나꼬리박각시속 *Hemaris*

54. 황나꼬리박각시 *Hemaris radians* (Walker, 1856)
55. 검정황나꼬리박각시 *Hemaris affinis* (Bremer, 1861)
56. 북방황나꼬리박각시 *Hemaris fuciformis* (Linnaeus, 1758)
57. 큰황나꼬리박각시 *Hemaris ottonis* (Rothschild & Jordan, 1903)

속 국명미정 *Sphecodima*

58. 털보꼬리박각시 *Sphecodima caudata* (Bremer and Grey, 1852)

멋쟁이박각시속 *Hyles*

59. 흰맥멋장이박각시 *Hyles livornica* (Esper, 1780)
60. 멋쟁이박각시 *Hyles gallii* (Rottemburg, 1775)

속 국명미정 *Hippotion*

61. 갈퀴덩굴박각시 *Hippotion boerhaviae* (Fabricius, 1775)

속 국명미정 *Daphnis*

62. 국명미정 *Daphnis* sp.

한국 박각시 62종

박각시

Agrius convolvuli (Linnaeus, 1758)

날개 편 길이	90~114mm
몸길이	40~45mm
출현시기	5~10월
국내 분포	전국
국외 분포	일본, 중국, 동양구, 구북구, 에티오피아, 오스트레일리아
기주식물	고구마, 나팔꽃, 메꽃, 강낭콩, 포도, 누리장나무속, 듀란타, 동부

생김새가 비슷한 줄홍색박각시에 비해 크며, 날개 무늬가 불규칙하고 날개와 가슴이 회백색이다. 개체에 따라 앞날개 얼룩무늬에 변이가 있으며 배마디마다 분홍색과 검은색 띠가 있다. 국내에서는 5~6월, 8~10월에 많이 보이는데, 5~6월에는 대체로 남부지역이나 저지대에서만 보이고 8~10월에는 전국 대부분에서 많은 수가 보인다. 고구마의 해충으로 여겨지며, 일부 동남아시아 국가에서 간혹 유충이 대량 발생한다.

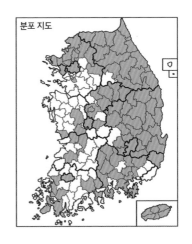

분포 지도

성충 관찰기록 _ 포천, 화천, 춘천, 안동, 봉화, 영양, 울진, 대구, 합천, 함안, 함양, 산청, 해남 등

고도/월	1	2	3	4	5	6	7	8	9	10	11	12
100m										■		
200m								■	■			
300m								■	■	■		
400m				■					■			
500m					■				■			
600m									■			

2021.09.10. 경북 안동

박각시 암컷은 앞날개에 얼룩무늬가 없으나 수컷은 얼룩무늬가 있거나 없으며
색이 연해 잘 보이지 않는 개체도 있다.

암컷. 경북 안동

수컷. 대구

02

탈박각시

Acherontia styx medusa Moore, [1858]

경북 안동

날개 편 길이	80~115mm
몸길이	45~55mm
출현시기	6~8월
국내 분포	전국
국외 분포	일본, 중국, 대만, 인도네시아, 베트남, 미얀마, 스리랑카
기주식물	가지, 감자, 고추, 완두, 참오동나무, 누리장나무속, 쥐똥나무속, 토마토, 완두

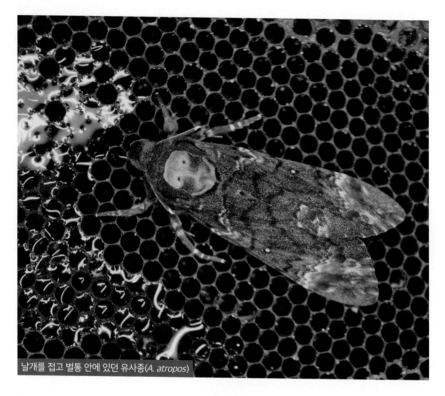

날개를 접고 벌통 안에 있던 유사종(*A. atropos*)

가슴에 해골 무늬가 있으며 배마디마다 노란
색 띠가 있다. 횡맥 무늬는 황토색이다. 앞날
개 무늬는 불규칙하며 뒷날개는 바탕이 노란
색이며 검은색 중횡선과 외횡선이 외연선과
평행하게 나타난다. 같은 속의 외국 종은 건기
와 우기에 따라 가슴의 해골 무늬 색상이 달
라지며, 국내 종도 가슴의 해골 무늬 변이가
다양하다. 국내에서는 가지, 감자의 해충으로
취급되며 벌통에 들어가 꿀을 먹기 때문에 양
봉 해충으로 등록된 적도 있다. 최근에 발견기
록이 전혀 없으므로 전국 단위로 절멸 여부를
조사할 필요가 있다.

분포 지도

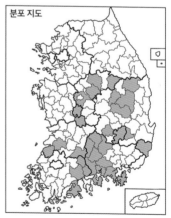

* 최근 기록이 없어
〈국가생물종지식정보시스템〉에 기재된
표본기록으로 작성했다.

국명미정

Acherontia lachesis (Fabricius, 1798)

베트남 옌바이

날개 편 길이	80~115mm
몸길이	45~55mm
출현시기	3~10월
국내 분포	일시적 유입(부산)
국외 분포	일본, 중국, 대만, 인도네시아, 필리핀, 말레이시아, 베트남, 라오스, 미얀마, 스리랑카, 네팔, 부탄
기주식물	참깨, 들깨, 듀란타, 능소화, 나팔꽃, 등골나물, 오동나무, 티크나무, 감자, 담배꽃, 가지를 포함한 64종

날개를 접고 앉은 모습

가슴에 해골 무늬가 있으며 배마디마다 노란색 띠가 있다. 가슴 하단부에 붉은색 털이 있다. 횡맥 무늬 색깔과 모양은 변이가 다양하나 국내 종(탈박각시, *A. stxy medusa*) 무늬에 비해 작다. 앞날개 무늬는 불규칙하고 뒷날개는 바탕이 노란색이며 외연선을 따라 굵고 검은 중횡선과 외횡선이 있다. 날개, 가슴, 배의 색깔과 무늬 변이가 같은 속의 종들 가운데 가장 다양하다. 야행성이며 꿀벌 집에 들어가거나 붙어서 꿀을 먹는다. 유충은 국내 종보다 기주식물 선택 범위가 매우 넓다. 공식적인 문헌기록은 없으나 2023년 7월 23일에 부산에서 발견한 사진기록이 있다. 일본 북부, 러시아 연해주에서도 유입된 기록이 있으며 국내에도 섭식 가능한 기주식물이 여러 종 있으므로 추가 유입될 가능성이 높다.

국내 첫 확인 사진 기록. 23.07.23. 부산 ⓒ 강대경

Acherontia 구북구 서식 종과 국내 종 비교

횡맥 무늬가 노란색 원형이며
*A. lachesis*에 비해 뚜렷하다.

가슴 하단부에
푸른색 털이 있다.　윗면　　　아랫면

배 가운데에 있는 검은색 무늬가
*A. atropos*에 비해 좁다.

* 뒷날개 아랫면 중실 인근에 있는 무늬는
둥근 점이거나 얇은 줄 등 변이가 심하다.

A. stxy medusa
국내 종, 경북 안동

횡맥 무늬가 둥근 흰색이나
간혹 황백색인 개체도 있다.

가슴 하단부에
푸른색 털이 없다.　윗면　　　아랫면

배 가운데에 있는 검은색 무늬가
*A. stxy*에 비해 넓다.

A. atropos
해외 종, 러시아

대체로 *A. atropos*와 *A. stxy*에 비해
횡맥 무늬가 작다.

윗면

아랫면

*A. atropos*와 *A. stxy*와 달리 뒷날개 기부에서
검은색 인편이 뻗으며 중횡선과 외횡선이 굵다.

A. lachesis
해외 종, 베트남 개체 1

대체로 가슴 아래쪽에 붉은색 털이 있으나
거의 없는 개체도 있다.

A. lachesis
해외 종, 인도네시아 개체 1

A. lachesis
해외 종, 인도네시아 개체 2

A. lachesis
해외 종, 베트남 개체 2

A. stxy 아종 비교

대체로 medusa 아종에 비해 횡맥 무늬를 지나가는 황갈색 줄이
뚜렷하며 앞날개 윗면의 흑갈색 인편이 적은 편이다.

A. stxy stxy
해외 아종, 인도 핌플사우다거

앞날개 윗면 흑갈색 인편이 stxy 아종에 비해
많으며 황갈색 인편 비율이 낮다.

A. stxy medusa
국내 아종, 전남 완도

* A. stxy는 개체변이가 다양해 위 구별 방법이 모든 개체에 해당하지는 않는다. 만약 생김새로 동정이 어렵다면
개체의 산지를 살펴 구별할 수 있다. stxy 아종은 중국 중북부와 서부에서 서쪽으로 태국 북부, 미얀마, 방글라데시,
인도, 네팔, 파키스탄, 이란, 이라크, 사우디아라비아에 걸쳐 서식하며, medusa 아종은 중국 동북부와 일본, 남쪽으로
중국 동부와 베트남을 거쳐 태국, 말레이시아까지 아시아 동부 전역, 수마트라, 보르네오, 필리핀에서 동쪽으로
말루쿠제도까지 말레이군도 전역에서 보인다. 다만 두 아종의 서식지가 겹치기도 해서 한계는 있다. 더욱 정확히
구별하려면 유전자분석이 필요하다.

04

줄홍색박각시

Sphinx ligustri amurensis Oberthür, 1886

날개 편 길이	65~84mm
몸길이	30~35mm
출현시기	5~8월
국내 분포	전국
국외 분포	일본, 중국, 몽골, 러시아, 중앙아시아 등 구북구 전역
기주식물	쥐똥나무, 개회나무, 물푸레나무, 개나리, 조팝나무, 산앵도나무속

2022.05.03. 경북 안동

배에는 분홍색과 검은색 띠가 반복되며 가슴은 검은색 털로 덮였다. 앞날개 전연부는 연한 분홍색이고 후연부는 검은색이며, 뒷날개 아외연선과 중횡선은 굵고 검다. 나머지 부분은 분홍색에 가깝다. 대체로 암컷이 수컷보다 크다. 5월과 7월 말에 개체수가 가장 많다. 산림 가장자리에 인접한 수변부나 도심, 산지 임도에서 주로 보이며, 해 질 녘에 먹이를 먹는 모습이 간혹 보인다.

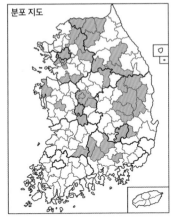
분포 지도

성충 관찰기록 _ 안동, 봉화, 울진, 대구, 함안, 산청

고도/월	1	2	3	4	5	6	7	8	9	10	11	12
100m							▨					
200m												
300m					▨							
400m							▨	▨				
500m					▨							
600m												

05

솔박각시

Sphinx morio arestus (Jordan, 1931)

날개 편 길이	60~80mm
몸길이	25~40mm
출현시기	4월 중순~10월
국내 분포	전국
국외 분포	중국 북동부, 몽골, 러시아 시베리아 남부 및 극동
기주식물	소나무, 곰솔, 해송, 가문비나무, 잎갈나무

앞날개와 뒷날개 대부분이 회갈색이며 앞날개 내횡선이 적갈색이거나 없는 개체도 있다. 가슴 외연부는 검은색 털로 덮였으며 배 옆면 흰색과 흑갈색 털이 띠 모양을 이룬다. 5월과 8~9월에 가장 많으며 전국 산지에서 보인다. 1화 개체는 대왕박각시처럼 4월 초에 보이기도 한다. 『한국곤충명집』에서는 유라시아 서식 종인 *S. pinastri*로 기재했다. 과거 kim(1997)의 기재를 인용한 것으로 보인다.

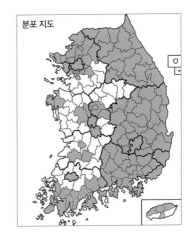

분포 지도

성충 관찰기록 _ 가평, 양양, 춘천, 홍천, 안동, 봉화, 영양, 예천, 울진, 대구, 함안, 산청 등

고도/월	1	2	3	4	5	6	7	8	9	10	11	12
100m												
200m				▨	▨		▨	▨		▨		
300m							▨					
400m				▨		▨	▨	▨	▨			
500m					▨			▨	▨			
600m												

2021.04.28. 경북 안동

Type 1. 2022.05.20. 경북 안동

Type 2. 2022.04.13. 경북 안동

* 위 개체는 생식기 검경으로 솔박각시임을 확인했다.

06

붉은솔박각시

Sphinx caligineus Butler, 1877

날개 편 길이	60~80mm
몸길이	25~40mm
출현시기	6~9월
국내 분포	전국(전남 장성, 강원 인제)
국외 분포	일본, 중국
기주식물	소나무속

생김새만으로는 솔박각시와 구별하기 어렵다. 솔박각시에 비해 내횡선과 외횡선이 굵고 뚜렷한 띠 모양이며, 날개 후연과 전연 색깔이 다르나 이러한 부분까지 솔박각시와 비슷한 개체도 있다. 배 옆면에는 황갈색 털과 황백색 털이 빽빽하다. 솔박각시와 마찬가지로 개체 변이가 다양하다. 아종 *sinicus*가 소나무 2종 (*Pinus tabulaeformis, Pinus armandii*)을 먹는 것이 확인되었다. 중국 아종은 *sinicus* Rothschild and Jordan, 1903으로, 일본 아종은 원명아

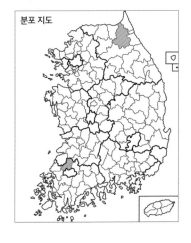

분포 지도

종 *caligineus* Butler, 1877로 취급한다. 한반도 개체는 *sinicus* 아종으로 취급했으나 아직 어느 아종인지 정확히 밝혀지지 않았으며 표본도 부족해 표본 확보 및 국외 아종과의 비교 검토가 필요하다.

붉은솔박각시와 솔박각시 생식기 비교

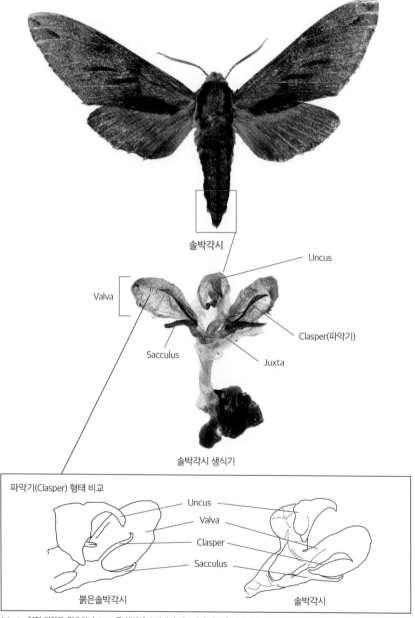

솔박각시

Valva

Uncus

Clasper(파악기)

Sacculus

Juxta

솔박각시 생식기

파악기(Clasper) 형태 비교

Uncus
Valva
Clasper
Sacculus

붉은솔박각시

솔박각시

* Juxta 형질 파악도 필요하나 Juxta를 액체에서 꺼내면 찌그러져 비교 확인하기가 어려우므로 파악기와 Sacculus 형태를 중심으로 제시한다.

한국 박각시 62종

07

쥐박각시

Meganoton scribae (Austaut, 1911)

날개 편 길이	95~110mm
몸길이	40~45mm
출현시기	5~8월
국내 분포	전국
국외 분포	일본, 중국, 러시아
기주식물	참깨, 쥐똥나무, 오동나무, 목련, 능소화

2021.06.28. 경남 합천

큰 개체는 날개 편 길이가 110mm에 이르는 대형 종이다. 큰쥐박각시에 비해 앞날개 중실 근처에 '二' 자 모양으로 굵고 검은 가로줄이 있으나 뚜렷하지는 않으며 앞날개 기부 후연에 검은색 인편이 있고, 가슴 아래쪽 둥근 무늬가 뚜렷한 편이다. 6~7월에 가장 많이 보인다. 고도 상관없이 분포하고 유충은 쥐똥나무에서 많이 보인다. 큰쥐박각시보다 이른 5월부터 많은 개체가 보이나 8월이 되면 큰쥐박각시보다 적게 보인다.

분포 지도

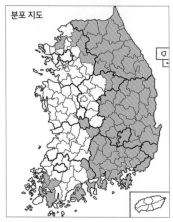

성충 관찰기록 _ 포천, 양양, 춘천, 홍천, 삼척, 안동, 영양, 예천, 대구, 함안, 산청 등

고도/월	1	2	3	4	5	6	7	8	9	10	11	12
100m					▨	▨	▨					
200m					▨	▨						
300m					▨	▨	▨	▨				
400m					▨	▨	▨					
500m					▨	▨	▨					
600m					▨	▨						

08

큰쥐박각시

Psilogramma increta (Walker, 1865)

날개 편 길이	100~122mm
몸길이	45~47mm
출현시기	5~10월
국내 분포	전국
국외 분포	일본, 중국, 대만, 러시아, 미얀마, 태국, 라오스, 베트남, 인도, 네팔, 부탄
기주식물	큰괴불나무, 작살나무, 쥐똥나무, 수수꽃다리, 참깨, 현삼, 개회나무, 광나무, 라일락, 누리장나무

큰 개체는 날개 편 길이가 122mm에 이를 만큼 크며, 쥐박각시와 달리 앞날개 중실 부근에 있는 얇은 '二' 자 모양 줄이 뚜렷하다. 앞날개에 있는 얼룩무늬는 쥐박각시에 비해 적다. 5월부터 발생해 7월 중순~9월에 가장 많이 보이며, 대체로 쥐박각시에 비해 늦은 시기에 많이 보인다. 주로 산림 주변에서 자주 보이는 쥐박각시와 달리 저지대에서부터 고지대까지 폭넓게 분포한다. 성충이 달맞이꽃에서 꿀을 빠는 모습을 간혹 볼 수 있다.

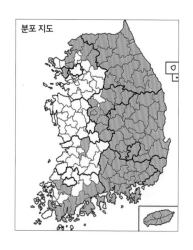
분포 지도

성충 관찰기록 _ 포천, 양양, 춘천, 홍천, 삼척, 안동, 예천, 영양, 대구, 함안, 산청 등

고도/월	1	2	3	4	5	6	7	8	9	10	11	12
100m						▨	▨	▨	▨	▨		
200m						▨	▨	▨	▨	▨		
300m					▨	▨	▨	▨	▨	▨		
400m					▨	▨	▨	▨	▨	▨		
500m							▨	▨	▨			
600m							▨	▨	▨			

2021.08.12. 경북 안동

중횡선 인근 'ㄷ' 자 모양 가로줄이
굵으나 뚜렷하지 않다.

날개 끝에서 뻗은 띠가 두껍다.

가슴 아래쪽 무늬가 뚜렷하고 크다.

배 양쪽 가장자리 띠가 두껍고 뚜렷하다.

쥐박각시

중횡선 인근 'ㄷ' 자 모양 가로줄이
얇고 뚜렷하다.

날개 끝에서 나오는 띠가 얇다.

가슴 아래쪽 무늬가 희미하고 작다.

배 양쪽 가장자리 띠가 얇고 희미하다.

큰쥐박각시

09

아시아갈고리박각시

Ambulyx sericeipennis tobii (Inoue, 1976)

날개 편 길이	90~117mm
몸길이	37~43mm
출현시기	4월 말~9월
국내 분포	전국
국외 분포	일본, 중국, 대만, 베트남, 인도를 포함한 동양구
기주식물	호두나무, 참나무과, 가래나무

2021.06.08. 경북 안동

앞날개 끝이 튀어나왔으며 날개 색깔이 흑갈색, 황색 등 다양하다. 날개 기부의 점 크기, 색상, 얼룩무늬는 개체변이가 크다. 국내에 보고된 노랑갈고리박각시와 생김새가 비슷하나 앞날개 끝부분과 후연각이 더 튀어나왔으며 아외연선이 중맥에서 휘는 정도가 약하다. 4월 말부터 9월까지 보인다. 서식지가 국지적인 편으로 규모가 큰 산림 지역에서 주로 보이며, 산림 가장자리부터 안쪽까지 분포한다.

분포 지도

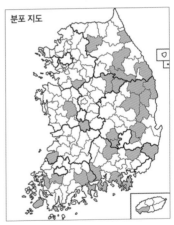

성충 관찰기록 _ 양양, 춘천, 평창, 영월, 삼척, 안동, 영양, 청송, 봉화, 울진, 성주, 고령, 합천 등

고도/월	1	2	3	4	5	6	7	8	9	10	11	12
100m				▨	▨	▨	▨	▨	▨			
200m				▨	▨	▨		▨				
300m				▨	▨	▨		▨	▨			
400m					▨	▨		▨				
500m					▨			▨				
600m					▨			▨				

아시아갈고리박각시 개체변이

Type 1. 2022.05.20. 경북 안동

Type 2. 2022.04.13. 경북 안동

10

점갈고리박각시

Ambulyx ochracea Butler, 1885

날개 편 길이	90~105mm
몸길이	32~38mm
출현시기	4월 말~9월
국내 분포	전국
국외 분포	일본, 중국, 동남아시아
기주식물	붉나무, 호두나무, 굴피나무

앞날개 기부 쪽 점은 크고 짙은 녹색부터 검은색까지 다양하다. 갈고리박각시속 다른 종들에 비해 전체적으로 밝은 주황색이나 노란색에 가깝다. 아시아갈고리박각시에 비해 앞날개 끝부분이 덜 튀어나왔다. 아시아갈고리박각시만큼 서식지가 국지적이지는 않으나 규모가 큰 산림 지역에서 주로 5월 중순~7월 중순까지 보인다. 저지대의 도심 생태공원에서부터 고지대까지 폭넓게 분포한다.

분포 지도

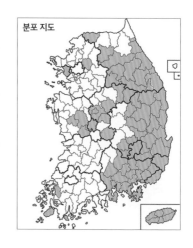

성충 관찰기록 _ 양양, 화천, 춘천, 안동, 영양, 청송, 울진, 대구, 산청, 합천, 울산, 부산 등

고도/월	1	2	3	4	5	6	7	8	9	10	11	12
100m				■	■	■	■	■				
200m				■	■	■	■	■	■			
300m					■	■	■	■				
400m					■	■	■	■	■			
500m					■	■	■	■				
600m					■	■	■	■				

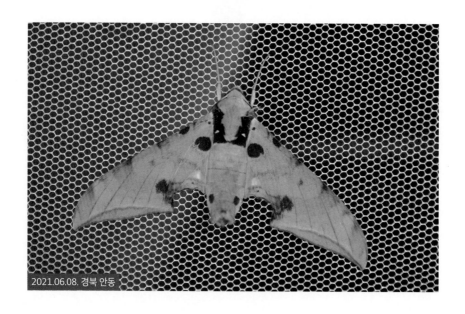

2021.06.08. 경북 안동

11

갈고리박각시

Ambulyx japonica koreana Inoue, 1993

날개 편 길이	70~85mm
몸길이	30~35mm
출현시기	5~9월
국내 분포	전국
국외 분포	일본, 중국 동부, 대만
기주식물	서어나무, 개서어나무, 가래나무

2022.07.21. 경남 합천

갈고리박각시속 다른 종에 비해 전체적으로 흰빛을 띠고 가장 작아서 구별이 쉽다. 내횡대가 검은색으로 뚜렷하며 검은색 횡맥 무늬가 있다. 주로 활엽수림에서 보이며 6~7월에 가장 많고, 서식지는 국지적인 편이나 저지대부터 고지대까지 폭넓게 분포한다. 국내 종은 일본 및 대만 아종과 구분해 *koreana* 아종으로 취급한다.

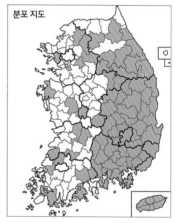
분포 지도

성충 관찰기록 _ 양양, 춘천, 봉화, 영양, 울진, 대구, 합천, 산청, 울산, 부산, 남해, 거제 등

고도/월	1	2	3	4	5	6	7	8	9	10	11	12
100m					▨	▨	▨	▨				
200m					▨	▨	▨	▨	▨			
300m					▨	▨	▨	▨				
400m					▨	▨	▨	▨	▨			
500m					▨	▨	▨	▨				
600m					▨	▨	▨	▨				

12

노랑갈고리박각시

Ambulyx schauffelbergeri Bremer and Grey, 1852

2023.07. 중국 쓰촨성

날개 편 길이	90~117mm
몸길이	37~43mm
출현시기	7~8월
국내 분포	정보 부족
국외 분포	일본 중북부, 중국 중북부
기주식물	가래나무, 개굴피나무

M1~M3에서 아외연선이 아치형으로 많이 휘며 아시아갈고리박각시보다 앞날개 끝이 조금 튀어나왔다. 앞날개 내연에 큰 점이 있으며 보통 울퉁불퉁한 타원형이지만 원형에 가깝거나 작은 개체도 있다. 그러나 생김새만으로는 정확히 구별하기 어려워 *Ambulyx* 무리의 분류표에서도 생식기 형질까지 제시한다. 국내에서는 개체수가 적으나 경기 포천 광릉에서 많은 개체수가 확인된 적이 있으며, 중국(쌴야시~옌타이시)과 일본(간사이~도호쿠)에서는

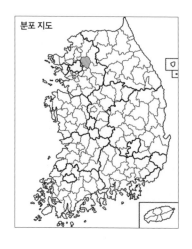

분포 지도

국내에 비해 자주 발견된다. 일본에서 가래나무와 개굴피나무로 유충 사육에 성공한 사례가 있다.

노랑갈고리박각시와 아시아갈고리박각시 비교

앞날개 끝이 조금 튀어나왔다.

중맥에서 아외연선이 아치형으로 크게 휜다.

앞날개 끝이 많이 튀어나왔다.

아외연선이 비교적 평평한 아치형이다.

앞날개 내연에 있는 점이 평평한 타원형에 가깝다.

앞날개 내연에 있는 점이 원형에 가깝다.

노랑갈고리박각시

아시아갈고리박각시

* 노랑갈고리박각시 앞날개 내연에 있는 점의 크기는 변이가 크며, 아시아갈고리박각시는 암컷 앞날개 내연에 있는 점이 노랑갈고리박각시와 비슷하게 타원형인 개체가 많다. 또한 앞날개 끝이 튀어나온 정도와 아외연선이 휘는 정도도 성별이나 개체에 따라 변이가 있어서 위의 구별 포인트는 많이 발견되는 개체의 형태를 기준으로 삼았다. 다음에 설명한 생식기 Sacculus 구조 차이로 정확한 분류가 가능하다.

노랑갈고리박각시와 아시아갈고리박각시 생식기 Sacculus 비교

파악기(Clasper) 끝이 많이
튀어나왔으며 안쪽으로 흰다.

Sacculus 끝이 위로 흰다.

노랑갈고리박각시

파악기(Clasper) 끝이
조금 튀어나왔다.

Sacculus 끝이 아래로 흰다.

아시아갈고리박각시 개체 1

아시아갈고리박각시 개체 2   **아시아갈고리박각시 개체 3**

* 곤충의 생식기 구조는 생김새만으로 구별하기 어려운 종을 분류하는 데에 도움이 되나 모든 개체에서 동일하지
않거나 특정 종은 변이가 크기도 한데 아시아갈고리박각시도 그에 해당한다. 아시아갈고리박각시는 Sacculus,
파악기(Clasper) 톱니의 변이가 크며 톱니가 튀어나온 정도와 휘는 방향도 미세하게 다르다. 개체 1~3에서 변이
양상을 확인할 수 있다.

아시아갈고리박각시 개체변이

2021.07.10. 경북 안동. 암컷

2021.08.12. 경북 안동. 수컷

2022.06.28. 경남 함안. 수컷

갈고리박각시속 4종 비교

앞날개 내연의 작은 점

평평한 아외연선

아시아갈고리박각시

검은 내횡대

갈고리박각시

앞날개 내연의 큰 점

점갈고리박각시

타원형에 가까운
앞날개 내연의 점

아치형으로 휜
아외연선

노랑갈고리박각시

1. 날개가 전반적으로 흰색이며 내횡대가 굵고 검다. ························ **갈고리박각시**
   날개가 흰색이 아니며 굵고 검은 중횡대는 없다. ································· 2
2. 날개가 밝은 황토색이며 앞날개 내연에 큰 점이 있고 앞날개 끝이 튀어나오지 않았다. ········ **점갈고리박각시**
   앞날개 기부에 있는 점이 작으며 앞날개 끝이 튀어나왔다. ···················· 3
3. 앞날개 기부에 있는 둥근 점이 작으며 아외연선이 M1~M3 사이에서 평평한 아치형으로 휘고 외연과 아외연선 사이 공간이 좁다. ························· **아시아갈고리박각시**
   앞날개 아외연선이 M1~M3 사이에서 아치형으로 많이 휘며 외연과 아외연선 사이 공간이 아시아갈고리박각시보다 넓으며 기부의 점이 타원형에 가깝다. ···················· **노랑갈고리박각시**

* 아시아갈고리박각시와 노랑갈고리박각시 앞날개 끝부분 및 후연각은 수컷이 암컷보다 더 튀어나왔으며 앞날개 위에 있는 점 모양과 위치는 기부 쪽 점 2개를 제외하고는 개체변이가 크다. *Ambulyx*에 속한 종의 암수는 배 끝부분 돌출부로 구별할 수 있다(뒷흰남방박각시 '성적이형' 참고).

13

물결박각시

Dolbina tancrei Staudinger, 1887

날개 편 길이	60~70mm
몸길이	30~35mm
출현시기	4월 말~10월
국내 분포	전국
국외 분포	일본, 중국 북동부, 러시아
기주식물	광나무, 쥐똥나무, 물푸레나무

2021.04.28. 경북 안동 ⓒ 오해룡

애물결박각시와 같이 나타날 때가 많아서 종종 혼동하나 물결박각시 배 밑에 검은색 털이 있는 것으로 구별할 수 있다. 애물결박각시보다 크고 전체적으로 어두운 편이나 색상은 개체변이가 있어 분류 형질로는 적합하지 않다. 5~9월에 산림, 평야, 강변 등 기주식물이 있는 다양한 지역에서 보이며 밤에 부처꽃, 꽃댕강나무 등의 꽃에서 꿀을 빠는 모습을 관찰했다.

분포 지도

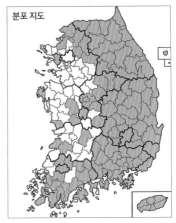

성충 관찰기록 _ 포천, 가평, 양양, 화천, 춘천, 홍천, 안동, 영양, 울진, 대구, 산청, 거제 등

고도/월	1	2	3	4	5	6	7	8	9	10	11	12
100m												
200m												
300m												
400m				▨								
500m												
600m												

14

애물결박각시

Dolbina exacta Staudinger, 1892

날개 편 길이	55~65mm
몸길이	22~32mm
출현시기	4월 말~10월
국내 분포	전국
국외 분포	일본, 중국, 러시아
기주식물	개회나무, 쥐똥나무, 물푸레나무

물결박각시와 기주식물이 거의 같으며 함께 나타날 때가 많아서 종종 혼동하나 애물결박각시 배 밑에 검은색 털이 없는 것으로 구별할 수 있다. 물결박각시에 비해 대체로 작지만 크기로는 정확히 구별하기 어렵다. 물결박각시와 마찬가지로 산림, 평야, 강변 등 다양한 장소에서 보이며 백두산 해발 2,500m 지대에서도 채집기록이 있는 만큼 고도와 상관없이 폭넓게 분포하는 것으로 보인다.

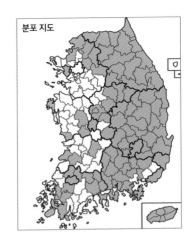

분포 지도

성충 관찰기록 _ 포천, 가평, 양양, 화천, 춘천, 홍천, 안동, 영양, 울진, 대구, 산청, 거제 등

고도/월	1	2	3	4	5	6	7	8	9	10	11	12
100m					■	■	■	■	■			
200m					■	■	■	■	■	■		
300m					■	■	■	■	■	■		
400m				■	■	■	■	■	■	■		
500m					■	■	■	■		■		
600m					■	■	■	■				

2021.04.28. 경북 안동

물결박각시와 애물결박각시 비교

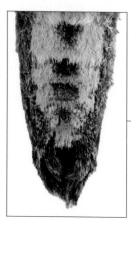

각 배마디 아랫면 가운데에 검은색 털이 있다.

각 배마디 아랫면 가운데에 흰색 털이 있다.

물결박각시

애물결박각시

15

갈색박각시

Sphingulus mus Staudinger, 1887

날개 편 길이	50~60mm
몸길이	30~35mm
출현시기	5월 말~9월
국내 분포	전국
국외 분포	중국, 러시아
기주식물	개회나무, 수수꽃다리, 물푸레나무

앞뒤 날개는 전체적으로 회갈색이다. 앞날개
에는 가늘고 희미하며 검은 내횡선, 중횡선,
외횡선과 작고 흰 횡맥 무늬가 있다. 다른 종
에 비해 국지적으로 분포하는 편이며, 산림과
산림 인근 강변, 풀밭 등에서 대부분 5월 초
~6월 중순, 7~8월 중순에 각각 1년 2화 발생
하며, 세대별 2주 내외로 매우 짧은 기간만 나
타난다. 출현 기간은 지역별로 매우 다르며, 1
화 개체수가 2화 개체수보다 매우 적다.

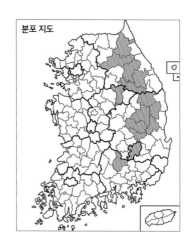

분포 지도

성충 관찰기록 _ 평창, 영월, 제천, 안동, 봉화, 영양, 청송, 대구, 군위, 의성, 합천

고도/월	1	2	3	4	5	6	7	8	9	10	11	12
100m												
200m					▨	▨	▨	▨	▨			
300m								▨				
400m					▨			▨				
500m							▨	▨				
600m												

2021.08.15. 경북 안동

16

점박각시

Kentrochrysalis sieversi Alphéraky, 1897

날개 편 길이	80~105mm
몸길이	35~40mm
출현시기	5~8월
국내 분포	전국
국외 분포	중국, 러시아
기주식물	수수꽃다리, 물푸레나무, 쥐똥나무, 개회나무

2021.08.15. 경남 합천

물결무늬점박각시와 생김새가 비슷하나 크며, 앞날개의 흰색 횡맥 무늬가 크고 뚜렷하고 앞날개 기부 후연 쪽이 검다. 가슴 바깥 부분은 검은색 털로 덮였으나 나머지 부분은 밝은 회색 털로 덮였다. 6~7월에 개체수가 가장 많으며 주로 산림에서 보인다.

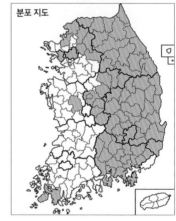

분포 지도

성충 관찰기록 _ 영월, 제천, 영주, 안동, 예천, 봉화, 청송, 울진, 대구, 합천 등

고도/월	1	2	3	4	5	6	7	8	9	10	11	12
100m												
200m					▨	▨	▨					
300m					▨	▨		▨				
400m					▨	▨		▨				
500m					▨	▨						
600m						▨						

점박각시와 물결무늬점박각시 비교

흰색 횡맥 무늬가
크고 뚜렷하다.

앞날개 후연부 기부 쪽에
검은색 인편이 많다.

점박각시

흰색 횡맥 무늬가
작고 흐릿하다.

앞날개 후연부 기부 쪽에
검은색 인편이 적다.

물결무늬점박각시 Type 1.

물결무늬점박각시 Type 2.

17

물결무늬점박각시

Kentrochrysalis streckeri (Staüdinger, 1880)

날개 편 길이	55~72mm
몸길이	30~35mm
출현시기	4월 말~8월
국내 분포	전국
국외 분포	중국 동북부, 몽골, 러시아
기주식물	쥐똥나무, 들메나무

Type 1. 2021.08.01. 경북 안동　　Type 2. 2020.05.22. 대구

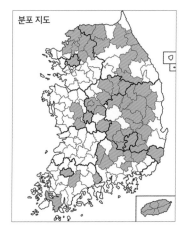

분포 지도

점박각시에 비해 작으며 앞날개 기부 후연에 검은색 인편이 적은 것으로 구별할 수 있다. 가슴 바깥쪽에 검은 털이 빽빽하며 중앙부에는 어두운 회갈색 털이 빽빽하다. 앞날개도 전체적으로 어두운 회갈색 인편으로 덮였으며 점박각시에 비해 횡맥 무늬가 희미하다. 지역과 시기에 상관없이 개체변이가 나타난다. 5~7월 말에 많이 보이며 1년에 3회 발생한다. 국지적으로 분포하며 점박각시와 마찬가지로 주로 산림에서 보인다. 한동안 검정무늬점박각시와 물결무늬점박각시 2종으로 분류해왔으나 Kim (2016)이 계통발생학적 분석과 DNA바코드 분석 결과에 근거해 물결무늬점박각시로 동종처리했다.

성충 관찰기록 _ 포천, 춘천, 평창, 영월, 안동, 봉화, 영양, 대구, 함안, 산청, 해남 등

고도/월	1	2	3	4	5	6	7	8	9	10	11	12
100m					▨	▨						
200m					▨	▨	▨					
300m					▨	▨		▨				
400m				▨	▨	▨						
500m					▨	▨	▨					
600m						▨						

18

버들박각시

Smerinthus caecus Ménétriès, 1875

날개 편 길이	65~70mm
몸길이	25~30mm
출현시기	5~9월
국내 분포	전국
국외 분포	일본(홋카이도), 중국, 몽골, 러시아
기주식물	황철나무, 사시나무, 은백양, 버드나무

2022.06.25. 강원 홍천

뱀눈박각시와 생김새가 비슷하나 작고 앞날개 외연 굴곡이 심하며 뒷날개 후연에 있는 눈알 무늬가 삼각형에 가깝다. 러시아에서는 시안산맥 해발 2,000m에서 채집한 기록이 있고 산림종묘장 포플러 묘목의 해충으로 여기나 국내에서는 대부분 중북부지역(경북 북부에서 강원)에서 6월 말부터 보이고 개체수도 적은 편이다. 다른 박각시에 비해 유아등에 날아오는 시간대가 늦은 편이다.

분포 지도

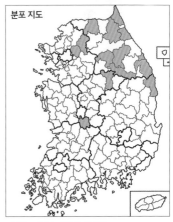

* 강원, 경북을 제외한 지역은
「국가생물종목록」 표본기록을 따랐다.

성충 관찰기록 _ 고성, 양양, 인제, 화천, 춘천, 홍천, 평창, 삼척, 동해, 울진, 금산(문헌기록) 등

고도/월	1	2	3	4	5	6	7	8	9	10	11	12
100m												
400m				▨	▨	▨		▨				
600m						▨						
700m					▨	▨		▨				
800m						▨	▨					
900m								▨				

수컷. 2010.07.25. 강원 화천 ⓒ 오해룡

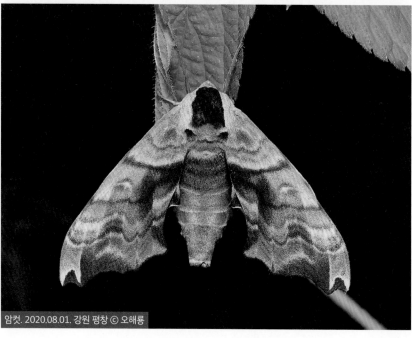

암컷. 2020.08.01. 강원 평창 ⓒ 오해룡

버들박각시와 뱀눈박각시 비교

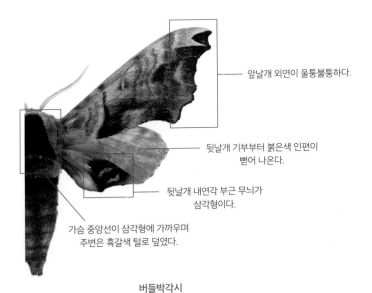

앞날개 외연이 울퉁불퉁하다.

뒷날개 기부부터 붉은색 인편이
뻗어 나온다.

뒷날개 내연각 부근 무늬가
삼각형이다.

가슴 중앙선이 삼각형에 가까우며
주변은 흑갈색 털로 덮였다.

버들박각시

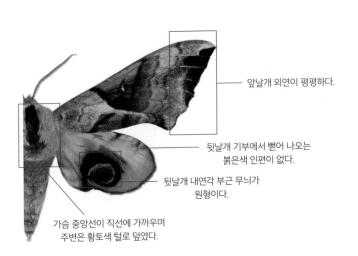

앞날개 외연이 평평하다.

뒷날개 기부에서 뻗어 나오는
붉은색 인편이 없다.

뒷날개 내연각 부근 무늬가
원형이다.

가슴 중앙선이 직선에 가까우며
주변은 황토색 털로 덮였다.

뱀눈박각시

19

뱀눈박각시

Smerinthus planus Walker, 1856

날개 편 길이	70~85mm
몸길이	30~35mm
출현시기	5~8월
국내 분포	전국
국외 분포	일본, 중국, 몽골, 러시아
기주식물	황철나무, 버드나무, 장미, 매실나무, 벚나무

버들박각시와 생김새가 비슷하나 뒷날개 무
늬가 둥글고 앞날개 외연이 평평하며, 가슴 중
앙에 수직으로 갈색 띠가 있는 것으로 구별할
수 있다. 5~7월에 많이 보이며, 2001~2010
년에 가로수의 돌발해충으로 지정되기도 했
으나 최근에는 해충이라 할 만큼 개체수가 많
지 않다.

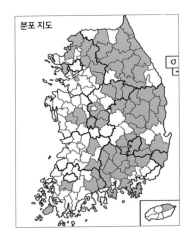

분포 지도

성충 관찰기록 _ 포천, 춘천, 안동, 영양, 대구, 청도, 군위, 성주, 고령, 합천, 산청, 해남 등

고도/월	1	2	3	4	5	6	7	8	9	10	11	12
100m						▦						
200m					▦	▦						
300m					▦	▦	▦	▦				
400m					▦	▦	▦					
500m						▦	▦					
600m						▦						

2020.05.25. 대구

20

동방호랑박각시

Daphnusa sinocontinentalis Brechlin, 2009

전남 완도 ⓒ 라대경

날개 편 길이	80~112mm
몸길이	35~45mm
출현시기	7~8월
국내 분포	일시적 유입(전남 완도)
국외 분포	중국, 태국, 말레이시아, 인도네시아, 필리핀, 스리랑카, 인도, 네팔
기주식물	두리안, *Nephelium*

국내 첫 기록 개체. 2022.07.28. 전남 완도 ⓒ 라대경

등줄박각시속 종들과 생김새가 비슷하나 외횡선과 중횡선이 희미하며 앞날개 후연에 크고 둥근 무늬가 있다. 수컷의 외횡선과 내횡선이 암컷에 비해 뚜렷한 편이다. *Daphnusa*에 속한 종들은 생김새로 분류가 어려워 생식기 형질로 분류 기준을 제시하며, Uncus와 Juxta 형태로 구별한다. 해외에서는 두리안의 해충으로 여겨 Durian hawk moth라고 불린다. 국내에서는 여름에 태풍이나 강풍에 실려 일시적으로 유입된 개체가 보이며 2022년 전남 완도에서 처음 2개체가 확인되었다.

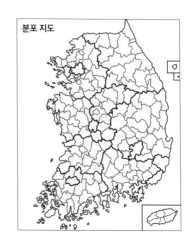

분포 지도

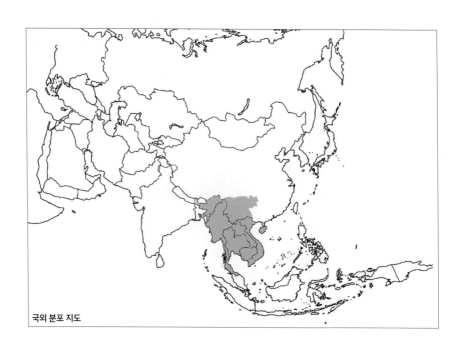

국외 분포 지도

21

톱날개박각시

Laothoe amurensis (Staudinger, 1892)

날개 편 길이	70~100mm
몸길이	30~40mm
출현시기	5~9월
국내 분포	전국
국외 분포	일본, 중국, 러시아 시베리아 남부
기주식물	황철나무, 사시나무

2020.07.20. 강원 양양

앉았을 때 뒷날개가 앞날개 앞쪽으로 드러난다. 전체적으로 회색이며, 엷은 흰색과 회색 인편이 줄무늬를 이룬다. 전국에 분포하나 중북부지역의 대체로 규모가 큰 산림이나 고도가 높은 곳에서 7~8월에 많이 보인다.

분포 지도

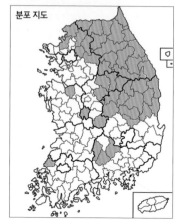

성충 관찰기록 _ 양양, 화천, 춘천, 동해, 안동, 봉화, 영양, 청송, 울진, 합천, 산청, 함양 등

고도/월	1	2	3	4	5	6	7	8	9	10	11	12
100m						▨	▨	▨				
200m						▨	▨	▨	▨			
300m						▨	▨	▨				
400m					▨	▨	▨	▨				
500m					▨	▨	▨	▨				
600m						▨	▨	▨				

22

벚나무박각시

Phyllosphingia dissimilis (Bremer, 1861)

날개 편 길이	85~120mm
몸길이	30~40mm
출현시기	5~9월
국내 분포	전국
국외 분포	일본, 중국, 러시아, 대만, 필리핀(루손섬)
기주식물	벚나무, 가래나무, 굴피나무

전체적으로 갈색이며 개체변이가 거의 없다. 톱날개박각시와 마찬가지로 날개를 접으면 뒷날개가 앞날개 앞쪽으로 드러난다. 저지대부터 고지대까지 폭넓게 분포하며 6~7월에 가장 많이 보인다. 5월보다 7~8월에 발생한 성충에 더 큰 개체가 많다.

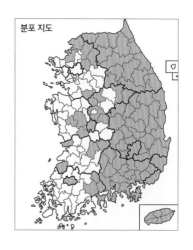

분포 지도

성충 관찰기록 _ 양양, 화천, 춘천, 안동, 봉화, 영양, 청송, 울진, 합천, 산청, 함양, 제주 등

고도/월	1	2	3	4	5	6	7	8	9	10	11	12
100m					■	■	■	■				
200m					■	■	■	■				
300m					■	■	■	■				
400m					■	■	■	■				
500m					■	■	■	■				
600m						■	■					

2021.05.10. 경북 안동

23

콩박각시

Clanis bilineata (Walker, 1886)

날개 편 길이	95~115mm
몸길이	40~50mm
출현시기	5~10월
국내 분포	전국
국외 분포	일본, 중국, 러시아
기주식물	참싸리, 아까시나무

2021.07.20. 강원 양양

무늬콩박각시와 달리 외횡선, 중횡선, 내횡선이 뚜렷한 개체가 있는 반면에 희미한 개체도 있다. 최근 조림용으로 싸리를 많이 심으며 유충 개체수가 늘고 있어 예전에 비해 쉽게 볼 수 있다. 5월부터 발생하나 7월 중순~9월에 가장 많고 남부지역에서는 10월 초까지 보인다. 참나무에서 수액 빠는 모습을 관찰했다.

분포 지도

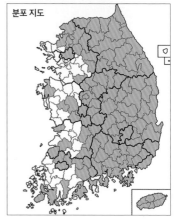

성충 관찰기록 _ 양양, 화천, 춘천, 안동, 봉화, 영양, 청송, 울진, 합천, 산청, 함양, 제주 등

고도/월	1	2	3	4	5	6	7	8	9	10	11	12
100m												
200m						▨	▨	▨	▨	▨		
300m					▨	▨	▨	▨	▨	▨		
400m					▨	▨	▨	▨	▨			
500m					▨	▨	▨	▨	▨			
600m						▨	▨	▨	▨			

24

무늬콩박각시

Clanis undulosa Moore, 1879

날개 편 길이	95~125mm
몸길이	40~50mm
출현시기	5~10월
국내 분포	전국
국외 분포	중국, 대만, 러시아
기주식물	아까시나무, 족제비싸리, 중국풀싸리

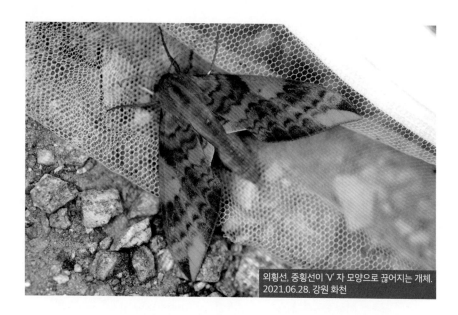

외횡선, 중횡선이 'V' 자 모양으로 끊어지는 개체.
2021.06.28. 강원 화천

콩박각시와 생김새가 비슷하나 앞날개 외횡선, 중횡선, 내횡선이 대체로 'V' 자 모양으로 분리되고 두꺼우며 색이 짙다. 그러나 'V' 자 모양으로 분리되지 않고 이어지는 개체도 있다. 콩박각시에 비해 전체적으로 붉다. 전국에 분포하고 7월에 가장 많이 보이나 제주 기록은 없다. 콩박각시에 비해 개체변이가 심하지 않으며 개체수도 적은 편이다.

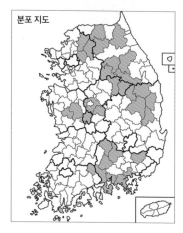

분포 지도

성충 관찰기록 _ 포천, 화천, 춘천, 영월, 단양, 영주, 안동, 봉화, 영양, 청송, 합천, 함안 등

고도/월	1	2	3	4	5	6	7	8	9	10	11	12
100m							▨	▨	▨			
200m					▨		▨	▨	▨	▨		
400m					▨	▨	▨	▨	▨	▨		
500m					▨	▨	▨					
600m						▨	▨	▨				
900m						▨	▨					

콩박각시와 무늬콩박각시 비교

날개가 노란색에 가깝다.

날개 끝부분 얼룩무늬가 작다.

외연선, 중횡선, 내횡선 무늬가
물결처럼 이어진다.

콩박각시 Type 1.

콩박각시 Type 2.

날개가 주황색에 가깝다.

날개 끝부분 얼룩무늬가 크다.

외연선, 중횡선, 내횡선 무늬가 두껍고
'V' 자 모양으로 대체로 끊어진다.

무늬콩박각시

콩박각시 개체변이

Type 1. 수컷. 대구

Type 2. 수컷. 대구

Type3. 암컷. 경북 안동

무늬콩박각시 개체변이

Type 1. 수컷. 경남 함안

Type 2. 수컷. 강원 화천

25

제주등줄박각시

Marumba spectabilis (Butler, 1875)

날개 편 길이	75~80mm
몸길이	30~35mm
출현시기	5~9월
국내 분포	남해안과 서해안 인접 지역
국외 분포	중국 남부, 태국, 인도네시아, 말레이시아, 인도 북동부, 네팔, 부탄
기주식물	나도밤나무과

2023.05.25. 경남 거제

분홍등줄박각시 및 작은등줄박각시와 생김새가 비슷하나 앞날개 끝부분이 더 짙으며 경계가 뚜렷하고, 앞날개 전제3중맥~전제2주맥 위 외횡선이 심하게 구부러진다. 전체적으로 흑갈색이며 앞날개 무늬가 뚜렷한 개체와 황갈색 무늬가 희미한 개체변이도 있다. 5~9월에 남해 섬에서 많이 보이나 최근에는 서해 섬에도 꾸준히 나타난다. 양양과 강릉 기록도 있으나 이번 조사 기간에는 확인하지 못했다.

분포 지도

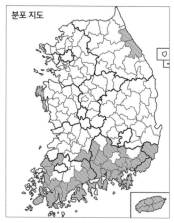

성충 관찰기록 _ 부산, 함양, 고성, 통영, 남해, 거제, 광양, 여수, 순천, 보성, 진도, 완도, 제주 등

고도/월	1	2	3	4	5	6	7	8	9	10	11	12
100m					▨		▨	▨				
200m					▨		▨	▨				
300m						▨		▨				
400m												
500m												
600m												

제주등줄박각시 개체변이

2020.08.15. 경남 거제

2023.05.20. 경남 거제

26

산등줄박각시

Marumba maackii (Bremer, 1861)

날개 편 길이	70~100mm
몸길이	28~37mm
출현시기	5~9월
국내 분포	중북부지역
국외 분포	일본 동북부, 중국, 러시아
기주식물	피나무, 큰잎유럽피나무, 좀유럽피나무

뒷날개 기부와 외연이 노란색인데 수컷이 암 컷보다 색이 연하다. 날개 끝은 등줄박각시에 비해 둥근 편이며 전체적으로 색상이 흰 편이 다. 경북 북부지역부터 강원 사이에서 6월에 개체수가 가장 많으며 산림 규모가 큰 지역에 서 주로 보이고, 등줄박각시속 다른 종에 비해 고도가 높은 곳에서도 자주 보인다.

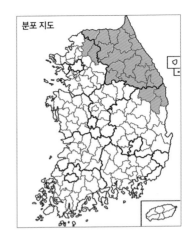

분포 지도

성충 관찰기록 _ 연천, 포천, 가평, 양양, 화천, 영월, 정선, 태백, 삼척, 동해, 영양, 울진 등

고도/월	1	2	3	4	5	6	7	8	9	10	11	12
300m												
400m												
500m												
600m												
800m												
900m												

2022.06.23. 강원 화천

27

분홍등줄박각시

Marumba gaschkewitschii (Bremer and Grey, [1853])

날개 편 길이	77~100mm
몸길이	30~40mm
출현시기	5~9월
국내 분포	전국
국외 분포	중국 동북부, 러시아 극동
기주식물	벚나무, 까치박달, 가래나무, 아까시나무, 산사나무, 복숭아나무

2022.06.22. 강원 화천

뒷날개 기부에서부터 붉은색 인편이 뻗어 나오는 것이 특징이며 앞날개 아외연선 바깥은 갈색이고 안쪽은 분홍빛 도는 갈색이다. 장미과 식물 과수원에서 많이 보이며 등줄박각시 속에서 흔한 편이다. 저지대 개활지부터 고지대까지 폭넓게 분포하며 7월에 많이 보인다.

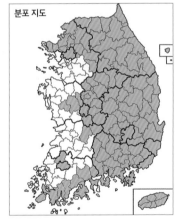

분포 지도

성충 관찰기록 _ 양양, 화천, 평창, 안동, 울릉, 대구, 합천, 산청, 함안, 함양, 해남, 제주 등

고도/월	1	2	3	4	5	6	7	8	9	10	11	12
100m					▨	▨	▨	▨	▨			
200m					▨	▨	▨	▨				
300m					▨	▨	▨	▨	▨			
400m					▨	▨			▨			
500m					▨	▨						
900m						▨	▨		▨			

28

등줄박각시

Marumba sperchius (Ménétriès, 1857)

날개 편 길이	90~110mm
몸길이	30~45mm
출현시기	5~9월
국내 분포	전국
국외 분포	일본, 중국, 대만, 러시아
기주식물	밤나무, 떡갈나무, 졸참나무

뒷날개 기부에서 흑갈색 인편이 뻗어 나오며 앞날개는 회갈색이고 아외연선, 외횡선, 중횡선, 내횡선이 뚜렷하다. 날개의 색깔과 무늬, 점 크기 등은 변이가 심하며 개체마다 크기 차이도 심해 다른 등줄박각시속 종과 혼동하는 일이 많다. 작은등줄박각시와 달리 머리부터 배까지 갈색 중앙선이 이어진다. 6~7월에 활엽수림에서 보이며 등줄박각시속 종들 가운데 개체수가 가장 많다.

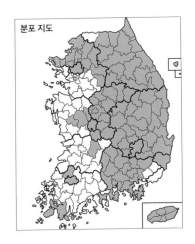

분포 지도

성충 관찰기록 _ 양양, 화천, 평창, 안동, 영양, 대구, 합천, 산청, 함안, 함양, 거제, 해남, 제주 등

고도/월	1	2	3	4	5	6	7	8	9	10	11	12
100m												
200m												
300m												
400m												
500m												
900m												

2022.06.24. 경남 거제

29

작은등줄박각시

Marumba jankowskii (Oberthür, 1880)

날개 편 길이	60~80mm
몸길이	20~35mm
출현시기	5~9월
국내 분포	전국
국외 분포	일본, 중국, 러시아
기주식물	찰피나무, 피나무

2022.06.22. 강원 화천

국내 등줄박각시속 가운데 작은 편으로 제주
등줄박각시와 생김새가 비슷하나 앞뒤 날개
색상이 더 밝은 편이고, 뒷날개 후연에 있는
점이 붙은 개체가 많으며, 앞날개 중횡대가 곧
고 외횡선이 조금 휜 것으로 구별할 수 있다.
보통 산등줄박각시와 함께 나타나는데 작은
등줄박각시는 뒷날개 외연부가 노란색이 아
닌 것으로 구별할 수 있다. 개체마다 크기 차
이가 심하다. 6월에 가장 많이 보이는데, 경북
북부 위쪽 지역에서는 개체수가 많고 경남에

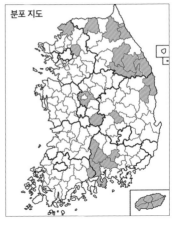

분포 지도

서는 규모가 큰 산에서 보이며 유아등에 날아오는 시간대도 늦은 편이다.

성충 관찰기록 _ 연천, 양양, 화천, 영월, 정선, 삼척, 동해, 영양, 울진, 밀양, 산청 등

고도/월	1	2	3	4	5	6	7	8	9	10	11	12
100m												
200m						▨	▨	▨				
300m									▨			
400m												
500m												
900m						▨	▨	▨				

등줄박각시속 5종 비교

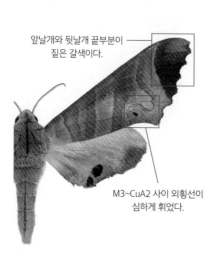

앞날개와 뒷날개 끝부분이
짙은 갈색이다.

M3~CuA2 사이 외횡선이
심하게 휘었다.

제주등줄박각시 Type 1.

뒷날개 외연이 노란색이다.

산등줄박각시

뒷날개 기부에서 분홍색
인편이 뻗어 나온다.

분홍등줄박각시

날개 끝부분 갈색이
제주등줄박각시에 비해
적고 엷다.

제주등줄박각시에 비해
M3~CuA2 사이 외횡선이
덜 휘었다.

작은등줄박각시

배에 갈색 중앙선이 있다.

등줄박각시 Type 1.

제주등줄박각시 Type 2.

등줄박각시 Type 2.

제주등줄박각시 Type 3.

1. 앞날개가 흰 편이며 뒷날개 외연이 노란색이다. ·· **산등줄박각시**
   앞날개가 흰 편이 아니며 뒷날개 외연이 노란색이 아니다. ································· 2
2. 뒷날개 기부에서 분홍색 인편이 뻗어 나오거나 앞날개가 붉은빛을 띤다. ············· **분홍등줄박각시**
   뒷날개 기부 인근과 앞날개에 붉은빛이 없다. ·· 3
3. 외횡선이 M3~CuA2에서 심하게 휘며 앞날개 끝부분이 짙은 갈색이다. ··············· **제주등줄박각시**
   외횡선이 M3~CuA2에서 둥글게 휘며 앞날개 끝부분 일부만 짙은 갈색이다. ············ 4
4. 배에 갈색 중앙선이 없다. ··· **작은등줄박각시**
   머리부터 배까지 갈색 중앙선이 이어진다. ··· **등줄박각시**

30

대왕박각시

Langia zenzeroides Moore, 1872

날개 편 길이	110~132mm
몸길이	40~55mm
출현시기	4~7월
국내 분포	전국
국외 분포	중국, 태국 북부, 베트남 북부, 인도 북부, 파키스탄 북부, 네팔, 부탄
기주식물	벚나무, 사과나무, 배나무, 앵두나무, 개복숭아

앞날개는 회백색이고 뒷날개는 회색이며 외연은 톱날 모양이다. 가슴 가장자리와 중앙에 검은색 세로무늬가 있다. 연 1회 발생하며 유충은 장미과 식물을 먹는데 개복숭아를 선호한다. 외국에서는 사과나무의 해충으로도 유명해 Apple hawk moth라고도 부른다. 내륙에서는 대체로 성충이 4월 중순~5월에 보이나 강원 지역에서는 6~7월까지도 적은 수가 보인다.

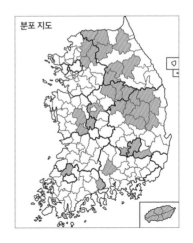

분포 지도

성충 관찰기록 _ 화천, 평창, 안동, 봉화, 영양, 청송, 대구, 청도, 고령, 산청, 제주 등

고도/월	1	2	3	4	5	6	7	8	9	10	11	12
100m				▨	▨							
200m				▨	▨							
300m				▨	▨							
400m				▨	▨							
500m				▨	▨							
900m				▨	▨	▨						

2021.04.11. 경북 안동

수컷. 2024.03.28. 경북 상주

암컷. 2024.04.09. 경북 상주

2024.04.11. 경북 상주

31

톱갈색박각시

Mimas christophi (Staudinger, 1887)

수컷. 2020.05.24. 일본 야마나시현

날개 편 길이	55~60mm
몸길이	20~30mm
출현시기	5~8월
국내 분포	경기, 강원, 제주
국외 분포	일본 북부, 중국 북동부, 러시아 극동
기주식물	오리나무, 떡갈나무, 느릅나무, 참피나무

유럽, 러시아 서부에 서식하는 종(*M. tiliae*)과 생김새가 비슷하나 *M. tiliae*는 가슴 가장자리와 중앙의 경계가 뚜렷하며 앞날개 색이 밝고 중횡대 무늬 변이가 크다. 반면에 국내 종은 동북아시아에 서식하는 종으로 짙은 갈색이며 작다. *M. tiliae*는 갈색, 녹색, 적녹색 등 색 변이가 크나 국내 종은 갈색의 채도, 명도 정도만 다르며 중횡대에 있는 무늬에 약간 변이가 있다. 북한 함남 남총시 해발 1,500m, 일본 홋카이도 해발 1,300m, 도쿠시마 해발

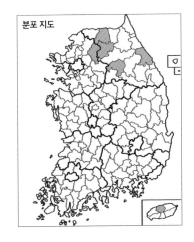

분포 지도

1,400m 같은 고산지대에도 적응한 것으로 보아 국내 남부지역 고산지대에서도 서식할 가능성이 있다. 국내에서는 중북부지역에서 소수 개체가 확인되었으며 경기, 강원 지역에서는 주기적으로 기록되었으나 제주에서는 최근 기록이 없다. 이번 조사 기간에는 강원 춘천에서 1개체를 확인했다.

수컷. 2004.07.16. 강원 평창 ⓒ 오해룡

암컷. 2004.07.16. 강원 평창 ⓒ 오해룡

수컷. 2020.06.26. 일본 야마나시현

수컷. 2020.05.20. 일본 야마나시현

해외 유사종(*M. tiliae*) 암컷. 2018.07.20. 우크라이나

톱갈색박각시 수컷, 2019.07.20. 강원 춘천

32

녹색박각시

Callambulyx tatarinovii (Bremer and Grey, 1852)

날개 편 길이	62~68mm
몸길이	30~35mm
출현시기	4~9월
국내 분포	전국
국외 분포	중국, 몽골, 러시아
기주식물	느릅나무, 느티나무, 참피나무, 참빗살나무, 까치박달

2021.04.28. 경북 안동

가슴에 역삼각형 녹색 무늬가 있으며 날개에는 녹색과 연두색 얼룩무늬가 있고 뒷날개 기부에서 붉은색 인편이 뻗어 나온다. 아종 *eversmanni*는 수컷은 녹색 암컷은 갈색이나, 국내 종에서는 갈색 개체가 확인된 적이 없다. 7월에 가장 많이 보이며, 유충이 느릅나무 잎을 좋아해서 외국에서는 Elm hawk moth라고도 부른다. 저지대부터 고지대까지 폭넓게 분포한다.

분포 지도

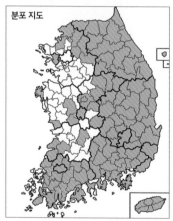

성충 관찰기록 _ 포천, 고성, 양양, 화천, 평창, 안동, 봉화, 청송, 대구, 고령, 산청 등

고도/월	1	2	3	4	5	6	7	8	9	10	11	12
100m				▨	▨	▨	▨	▨	▨			
200m				▨	▨	▨	▨	▨				
300m				▨	▨	▨	▨	▨				
400m				▨	▨	▨	▨	▨	▨			
500m				▨	▨	▨	▨	▨				
600m				▨	▨	▨	▨					

33

뒷흰남방박각시

Callambulyx rubricosa (Walker, 1856)

베트남

날개 편 길이	120~132mm
몸길이	50~58mm
출현 시기	발견기록_2006년 8월 14~17일
국내 분포	일시적 유입(인천 옹진 대청도)
국외 분포	중국 남서부, 태국, 베트남, 자바, 인도 북동부, 네팔, 부탄
기주식물	호랑버들

녹색박각시에 비해 날개 끝이 더 튀어나왔고 휘어서 갈고리박각시속 종의 날개 형태와 비슷하다. 가슴 중앙에는 녹색박각시와 비슷하게 짙은 녹색 털이 세로로 빽빽하게 모여 난다. 앞날개는 녹색과 황색 인편으로 이루어지며 뒷날개는 녹색박각시와 비슷하게 기부에서 붉은색 인편이 뻗어 나오면서 내연각 부분에 연한 녹색 인편이 집중되며 날개 외연과 평행하게 검은색 인편으로 덮인 줄무늬가 있다. *C. amanda*와 비슷하나 앞날개 횡맥 무늬가 뚜렷하며 뒷날개 윗면 검은 띠가 비교적 좁게 펴져 있으며 진하다. 2006년 대청도 조사(국립생태원, 생물보전연구소, 대전대학교)에서 발견되었다.

성적이형

같은 종 암수에서 생식 기관 차이 외에 다른 형질 차이가 나타나는 것을 말한다.
대표적으로는 형태, 크기, 구조, 색깔 차이가 있다.
예로 갈고리박각시속 수컷은 배 끝 양쪽으로 튀어나온 돌기가 있으나 암컷은 없으며,
산등줄박각시는 수컷 뒷날개 외연이 암컷의 뒷날개 외연보다 노란빛이 약하다.

<table>
<tr><td>암컷</td><td>수컷</td></tr>
</table>

Daphnis nerii 배

뒷흰남방박각시 유사종 비교

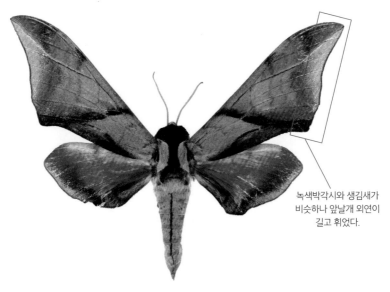

녹색박각시와 생김새가
비슷하나 앞날개 외연이
길고 휘었다.

C. diehli

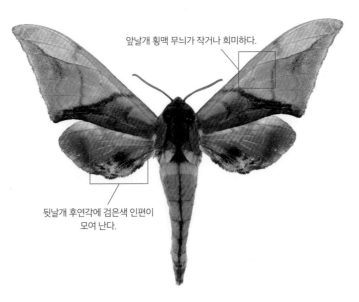

앞날개 횡맥 무늬가 작거나 희미하다.

뒷날개 후연각에 검은색 인편이
모여 난다.

C. kitchingi

앞날개 아외연선이 뚜렷하며 중맥에서 심하게 휜다.

앞날개 횡맥 무늬가 작거나 희미하다.

뒷날개 후연각에 눈알 무늬가 있다.

C. junonia

*C. junonia*와 달리 아외연선 경계가 희미하다.

앞날개 횡맥 무늬가 뚜렷하다.

뒷날개 후연각에 검은색 인편이 퍼져 있다.

C. rubricosa

앞날개 횡맥 무늬가 없다.

C. amanda

C. tatarinovii 녹색박각시

34

닥나무박각시

Parum colligata (Walker, 1856)

날개 편 길이	70~75mm
몸길이	35~37mm
출현시기	4~9월
국내 분포	전국
국외 분포	일본, 중국, 대만, 러시아, 태국, 베트남, 미얀마, 인도
기주식물	닥나무, 꾸지나무

앞날개에 흰색 횡맥 무늬가 뚜렷하고, 앞뒤 날개 바탕이 모두 연한 녹색 또는 녹갈색이다. 녹색박각시와 생김새가 비슷하나 배가 조금 더 가늘고 뒷날개에 붉은색 인편이 뻗어 나오지 않는 것으로 구별할 수 있다. 동아시아에 1속 1종만 있으며 유사종이 거의 없다. 산림 가장자리에서 주로 보이나 국지적이다. 중남부 지역에서는 이르면 4월 말부터 보이며 7월에 가장 많다.

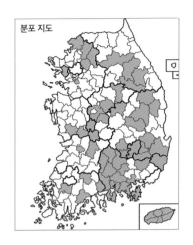

분포 지도

성충 관찰기록 _ 포천, 고성, 안동, 영양, 대구, 고령, 합천, 함양, 산청, 진주, 하동, 거제 등

고도/월	1	2	3	4	5	6	7	8	9	10	11	12
100m				▨	▨	▨	▨	▨				
200m					▨	▨	▨	▨	▨			
300m					▨	▨	▨	▨				
400m					▨	▨	▨	▨				
500m					▨	▨	▨	▨				
600m						▨	▨					

2021.05.08. 경북 안동

35

포도박각시

Acosmeryx naga (Moore, 1857)

날개 편 길이	75~90mm
길이	35~40mm
출현시기	5~9월
국내 분포	전국
국외 분포	일본, 중국, 베트남, 인도, 파키스탄 등을 포함한 동양구
기주식물	왕머루, 개머루, 참다래, 포도

산포도박각시와 생김새가 비슷하나 아외연선이 날개 끝에서 후연각까지 길게 이어진 것으로 구별할 수 있다. 적색형과 흑갈색형 2가지 타입이 나타난다. 일부 섬을 포함해 전국에 분포하며 저지대부터 고지대까지 폭넓게 나타나고 6~7월에 가장 많이 보인다.

분포 지도

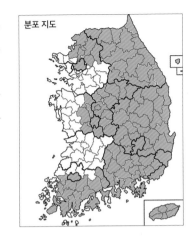

성충 관찰기록 _ 포천, 고성, 양양, 화천, 안동, 봉화, 영양, 울진, 대구, 산청, 거제, 제주 등

고도/월	1	2	3	4	5	6	7	8	9	10	11	12
100m					▨	▨	▨	▨				
200m					▨	▨	▨	▨				
300m					▨	▨	▨	▨	▨			
400m					▨	▨	▨	▨	▨			
500m					▨	▨	▨		▨			
600m					▨	▨	▨					

2020.05.25. 대구

2022.07.03. 강원 화천

36

산포도박각시

Acosmeryx castanea Rothschild and Jordan, 1903

날개 편 길이	76~85mm
몸길이	35~40mm
출현시기	4~9월
국내 분포	주로 남부지역
국외 분포	일본, 중국, 대만, 베트남, 캄보디아
기주식물	담쟁이덩굴, 개머루, 거지덩굴

2023.06.15. 갈색형. 경남 거제

2023.07.30. 적색형. 부산

포도박각시와 달리 날개 아외연선이 CuA1까지 이어진 것으로 구별할 수 있으며 포도박각시와 비슷한 적갈색 개체와 흑갈색 개체가 보인다. 6~7월에 가장 많이 보이며 포도박각시와 함께 나타나기도 하나 포도박각시에 비해 개체수가 적다. 남부지역에서 많이 보이고 일부 서해안에서도 확인되나 북부지역에서는 좀처럼 보이지 않는다. 북부지역(강원 고성) 기록이 있으나 일시적으로 유입된 개체였으며 매년 확인되지는 않는다.

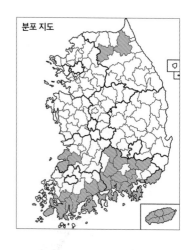

분포 지도

성충 관찰기록 _ 고성, 부산, 창원, 함안, 사천, 하동, 남해, 거제, 부안, 해남, 목포 등

고도/월	1	2	3	4	5	6	7	8	9	10	11	12
100m						▨	▨	▨	▨			
200m												
300m												
400m												
500m												
600m												

산포도박각시와 포도박각시 비교

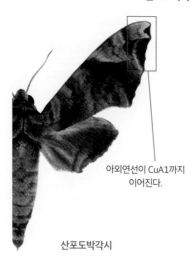

아외연선이 CuA1까지
이어진다.

산포도박각시

아외연선이 제2둔맥(2A)까지
이어진다.

포도박각시

37

머루박각시

Ampelophaga rubiginosa Bremer and Grey, [1852]

날개 편 길이	75~90mm
몸길이	35~40mm
출현시기	5~10월
국내 분포	전국
국외 분포	일본, 중국, 러시아, 인도, 네팔, 부탄, 아프가니스탄
기주식물	담쟁이덩굴, 왕머루, 개머루, 벚나무, 털벚나무, 포도, 사과나무

2023.06.15. 대구

앞날개에 적갈색과 노란색 줄무늬가 있으며 뒷날개는 암갈색이고 가슴에서 배까지 흰 줄무늬가 뻗는다. 국내에서 가장 흔히 보이는 야행성 박각시로 5월 중순부터 나타나기 시작해 6~7월에 가장 많다. 수액, 동물 배설물, 꽃꿀 등 다양한 것을 먹는다.

분포 지도

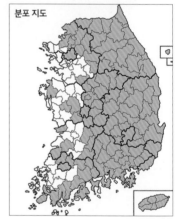

성충 관찰기록 _ 양양, 화천, 홍천, 횡성, 삼척, 안동, 봉화, 울진, 대구, 함안, 거제, 해남 등

고도/월	1	2	3	4	5	6	7	8	9	10	11	12
100m					▨	▨	▨	▨	▨	▨		
200m					▨	▨	▨	▨	▨	▨		
300m					▨	▨	▨	▨	▨			
400m					▨	▨	▨	▨	▨			
500m					▨	▨	▨	▨	▨			
600m					▨	▨	▨	▨	▨			

38

노랑줄박각시

Theretra nessus (Drury, 1773)

날개 편 길이	85~100mm
몸길이	50~55mm
출현시기	5~9월
국내 분포	일시적 유입(지리산 이남)
국외 분포	일본, 중국, 대만, 베트남, 미얀마, 스리랑카
기주식물	비름속, 마속, 봉선화속(서양), 수박, 동백나무, 천남성 등

앞날개 전연은 녹색이며 후연은 황색이고 배 가장자리는 노란색 털로 덮였다. 국내에서 보이는 줄박각시속 종들 가운데 가장 크다. 해외에서 일시적으로 유입되는 종 가운데 가장 흔하며 5월부터 보이고 8월에 가장 많다. 대체로 남부 도서지역 인근에서 많이 보이나 그해 태풍 경로나 기상상태에 따라 간혹 내륙에서도 보인다. 국내에서 유충이 고구마에서 확인된 적이 있으나 일정 서식지에서 주기적으로 보이지 않는 점을 보아 겨울을 넘기지는 못하는 듯하다.

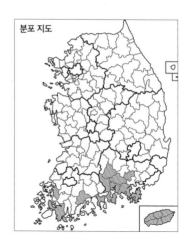

분포 지도

성충 관찰기록 _ 여주, 고성, 함안, 산청, 하동, 사천, 남해, 거제, 여수, 보성, 해남 등

고도/월	1	2	3	4	5	6	7	8	9	10	11	12
100m												
200m					▨		▨	▨	▨			
300m						▨		▨				
400m					▨							
500m						▨		▨				
600m								▨				

2022.08.10. 경남 하동

39

줄박각시

Theretra japonica (Boisduval, 1867)

날개 편 길이	60~65mm
몸길이	30~35mm
출현시기	4~11월
국내 분포	전국
국외 분포	일본, 중국, 대만, 러시아
기주식물	토란, 큰달맞이꽃, 털이슬, 나무수국, 담쟁이덩굴

2022.08.10. 경남 하동

색상이 어둡거나 밝은 개체변이가 있으나 세 줄박각시에 비해 날개 끝부분에서 내려오는 흰색 선과 검은색 줄이 흐릿한 것으로 구별할 수 있다. 전국에서 많은 수가 보이며 빠르면 4월 말부터 나타나고 5~6월에 가장 많다. 남부 지역에서는 11월 초순까지 적은 수가 보이기도 한다. 담쟁이덩굴에서 많이 보인다.

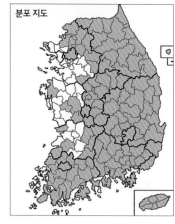

분포 지도

성충 관찰기록 _ 여주, 고성, 화천, 홍천, 횡성, 안동, 봉화, 대구, 함안, 산청, 거제, 해남, 제주 등

고도/월	1	2	3	4	5	6	7	8	9	10	11	12
100m				▨	▨	▨	▨	▨	▨	▨	▨	
200m				▨	▨	▨	▨	▨	▨	▨		
300m					▨	▨	▨	▨	▨	▨		
400m					▨	▨	▨	▨	▨			
500m					▨	▨	▨	▨	▨			
600m					▨				▨			

40

세줄박각시

Theretra oldenlandiae (Fabricius, 1775)

2015.08.20. 제주

날개 편 길이	60~65mm
몸길이	30~35mm
출현시기	4~10월
국내 분포	일시적 유입
국외 분포	일본, 중국, 대만, 베트남을 포함한 동양구
기주식물	개머루, 거지덩굴, 토란, 봉선화

2022.09.16. 전남 신안 흑산도 ⓒ 오해룡

줄박각시에 비해 앞날개 끝에서 내려오는 굵고 검은 줄무늬와 흰색 줄무늬의 경계가 뚜렷한 것으로 구별할 수 있다. 여름부터 가을까지 일시적으로 정착해 유충까지 보이는 미접이며 그해의 태풍 경로나 기상상태에 따라 나타나는 지역이 달라지고, 줄박각시에 비해 개체수가 매우 적다. 유충은 줄박각시와 달리 몸 전체가 검은색이며 노란색 눈알 무늬가 있다. 저자의 관찰기록이 적어 〈국가생물종지식정보시스템〉에서 정확한 표본기록이 있는 정보

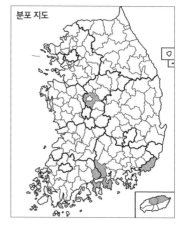

분포 지도

만 활용해 분포를 표시했다. 국내에서는 청원, 부산, 남해, 하동, 거제 지심도, 여수, 광양, 흑산도, 완도, 제주에서 관찰기록이 있다.

한국 박각시 62종

줄박각시 유충 녹색형과 갈색형

녹색형

갈색형

* 박각시 유충은 같은 종인데도 색상, 줄무늬 모양, 선명도가 다르기도 하다. 큰쥐박각시, 버들박각시, 탈박각시 등 많은 종에서 이러한 개체변이가 있어 유충이 성충보다 구별하기 어렵다.

줄박각시 Type 1. 경북 안동

날개 끝에서 뻗어 나오는
노란색과 흰색 줄이 희미하며
여러 줄로 나뉜다.

줄박각시 Type 2. 경북 안동

날개 끝에서 뻗어 나오는
검은색과 흰색 줄이 굵고 뚜렷하며
여러 줄로 나뉘지 않는다.

가슴 가장자리에 흰색 털이
빽빽하게 난다.

세줄박각시 제주

* 이들을 생김새만으로 분류하기 어려울 때가 있다. 해외에 분포하는 *Theretra*, *Hippotion* 무리에서도 앞날개 생김새가 비슷한 종이 많고, 털이나 인편 상태가 나빠 가슴 가장자리의 털 색과 날개 무늬를 확인하기 어려울 때도 있다. 그러므로 생식기 검경과 유전자 분석을 추천한다.

41

큰줄박각시

Theretra clotho (Druuy, 1773)

날개 편 길이	86~100mm
몸길이	32~50mm
출현시기	6~9월
국내 분포	일시적 유입(전남 해안과 섬, 경남 거제)
국외 분포	중국 남부, 대만, 홍콩, 필리핀, 인도네시아, 베트남, 미얀마를 포함한 동양구
기주식물	곤약속, 무궁화속, 담쟁이덩굴, 참다래, 알로카시아, 베고니아, 개머루, 거지덩굴, 섬다래

우단박각시와 생김새가 비슷하나 가슴 하단에 주황색 털이 빽빽하지 않고 앞날개는 황갈색 인편으로 덮였으며 외횡선이 뚜렷하다. *T. tibetiana*와도 비슷해서 구별하기 어렵다. 아종에 따라서 날개 아랫면 색상에 차이가 있다. 미접으로 1970년에 경남 거제 지심도에서 발견한 뒤로 매년 꾸준히 전남(해남, 완도, 금오도, 진도 등)과 경남 거제에서 확인되며 태풍 발생 시기에 따라 매년 발견 시기가 다르다. 이 속(*Theretra*)에는 큰줄박각시와 닮은 종이 4종 있다.

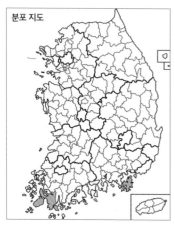

분포 지도

해외 분포 지도

큰줄박각시와 *T. tibetiana* 비교

큰줄박각시

T. tibetiana

T. tibetiana: 외형만으로 큰줄박각시와 구별이 거의 불가능하나 sacculus 끝부분 톱니 모양인 구간이 짧은 점으로 구별 가능하다.

T. celata: 횡맥 무늬가 거의 없는 것처럼 희미하다. 뒷날개 윗면 검은색 인편이 중횡대까지만 퍼져있다.

T. boisduvalii: 큰줄박각시는 앞날개 외연선이 이어지나 이 종은 점선같이 끊어진 것처럼 보인다.

T. indistincta: 횡맥 무늬가 작고 희미하며 외연선 또한 희미하다. 큰줄박각시와는 구상돌기(Uncus)와 중간골편(Gnathos)에서 차이가 난다.

동아시아 *Theretra* 속 4종 비교

동아시아에는 **Theretra** 속에 약 24종이 살며 흔히 보인다.
초본 및 관목 잎을 먹기 때문에 일부 종은 잡초 제거를 위한 생물학적 방제에도 활용된다.

큰줄박각시. 베트남 옌바이

T. boisduvalii. 인도네시아 칼리만탄바랏

T. suffusa. 베트남 옌바이

T. alecto. 베트남 옌바이

42

우단박각시

Rhagastis mongoliana (Butler, 1875)

날개 편 길이	55~60mm
몸길이	25~30mm
출현시기	5~10월
국내 분포	전국
국외 분포	일본, 중국, 대만, 몽골, 러시아
기주식물	솔나물, 봉선화, 왕머루, 거지덩굴

2020.05.25. 대구

큰줄박각시와 생김새가 비슷하나 머리와 가슴 바깥쪽에는 흰색 털이, 가슴 하단에는 주황색 털이, 전체적으로는 갈색 털이 빽빽하다. 앞날개 윗면 외연은 연한 갈색 인편으로, 중횡대, 내횡대는 짙은 갈색 인편으로 이루어진다. 전국에 분포하고 개체수가 많으며 6~7월에 가장 많이 보인다.

분포 지도

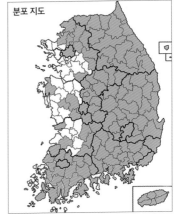

성충 관찰기록 _ 여주, 고성, 화천, 홍천, 횡성, 안동, 봉화, 대구, 함안, 산청, 거제, 해남, 제주 등

고도/월	1	2	3	4	5	6	7	8	9	10	11	12
100m												
200m												
300m												
400m												
500m												
600m												

43

애기박각시

Deilephila askoldensis (Oberthür, 1879)

날개 편 길이	48~50mm
몸길이	20~30mm
출현시기	4월 말~10월
국내 분포	전국
국외 분포	일본, 중국, 러시아
기주식물	솔나물, 왕머루, 바늘꽃속

머루박각시와 생김새가 비슷하나 크기가 작고 가슴 중앙 흰색 줄 2개가 가슴 끝까지 이어진다. 날개 윗면에는 흑갈색과 갈색 줄무늬가 뚜렷하며 앞날개 외연이 머루박각시에 비해 울퉁불퉁하다. 이르면 4월 말에 나타나기도 하나 보통 5~6월, 8월 중순~9월에 각 세대가 2주 내외로 적은 수만 보인다. 국지적으로 분포하며 서식지마다 출현 시기 차이가 크다.

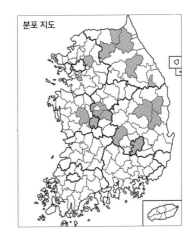

분포 지도

성충 관찰기록 _ 평창, 안동, 영양, 청송, 대구

고도/월	1	2	3	4	5	6	7	8	9	10	11	12
100m												
200m												
300m												
400m												
500m												
600m												

2021.05.10. 경북 안동

44

주홍박각시

Deilephila elpenor (Linnaeus, 1758)

날개 편 길이	53~65mm
몸길이	25~30mm
출현시기	4월 말~10월
국내 분포	전국
국외 분포	일본, 중국, 몽골, 러시아
기주식물	솔나물, 분홍바늘꽃, 왕머루, 물봉선, 토란, 부처꽃, 봉선화, 달맞이꽃

2021.05.10. 경북 안동

몸은 분홍색과 노란색 털로 덮였으며 앞날개
는 노란색과 분홍색 인편으로 덮였고, 뒷날개
는 기부에서부터 중횡선까지 검은색 인편이
뻗어 있으며 그 외는 분홍색이다. 번데기로 겨
울을 나고 이르면 4월 말부터 성충이 보이기
시작하며 7~8월에 가장 많다. 밤에 정지비행
하며 꽃에서 꿀을 빨며 꽃댕강나무, 무궁화에
서 꿀을 빠는 모습을 확인했다.

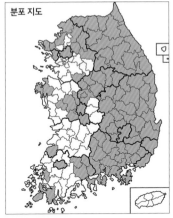

분포 지도

성충 관찰기록 _ 여주, 고성, 화천, 홍천, 횡성, 안동, 봉화, 대구, 함안, 산청, 거제, 해남, 제주 등

고도/월	1	2	3	4	5	6	7	8	9	10	11	12
100m				▨	▨	▨	▨	▨	▨			
200m					▨					▨		
300m				▨						▨		
400m												
500m												
600m					▨		▨		▨			

45

줄녹색박각시

Cephonodes hylas (Linnaeus, 1771)

날개 편 길이	51~55mm
몸길이	32~35mm
출현시기	5~10월
국내 분포	대구 이남
국외 분포	일본, 중국, 인도, 파키스탄, 네팔, 부탄을 포함한 동양구
기주식물	치자나무

황나꼬리박각시속 종들과 생김새가 비슷하나 날개가 투명해 시맥만 보이며 앞날개 외연부에 검은색 띠가 없다. 3, 4배마디에만 붉은색 털이 있다. 5월부터 보이지만 8~9월에 가장 많다. 남부지역에서 주로 보이나 치자나무를 심은 중부지역에서도 많이 보이며 대구의 한 서식지에서는 한 해 최대 5화 발생하는 것을 확인했다.

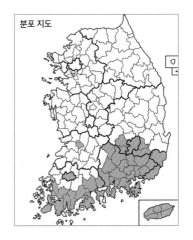

분포 지도

성충 관찰기록 _ 대구, 성주, 군위, 울산, 부산, 산청, 거제, 여수, 고창, 장흥, 보성, 해남, 진도 등

고도/월	1	2	3	4	5	6	7	8	9	10	11	12
100m						▨	▨	▨	▨	▨		
200m						▨		▨		▨		
300m									▨			
400m									▨			
500m												
600m												

2021.09.19. 대구

46

애벌꼬리박각시

Aspledon himachala (Butler, 1875)

23.10.15. 경남 거제

날개 편 길이	30~40mm
몸길이	15~20mm
출현시기	5~9월
국내 분포	중부지역 이남
국외 분포	일본, 중국, 대만, 태국 북부, 인도, 네팔
기주식물	계요등

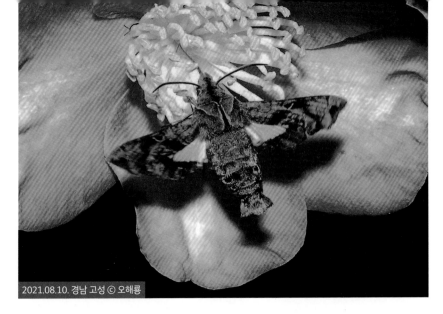

2021.08.10. 경남 고성 ⓒ 오해룡

국내에 사는 박각시 가운데 가장 작은 종이다. 앉은 모습이 비행기밤나방과 비슷하나 뒷날개 내연이 노란색이며 앞날개가 여러 겹으로 접히지 않는 것으로 구별할 수 있다. 머리 중앙선이 가슴 중앙선과 이어지며 앉을 때 구불구불한 뒷날개가 앞날개 앞쪽으로 드러난다. 흑색형과 적색형이 있다. 7~9월에 가장 많으며 여러 꽃에 날아온다. 중북부지역에 비해 남부지역에 많고, 산지에서도 보이지만 대체로 저지대에 많다. 국내 아종은 *sangaica*로 취급한다.

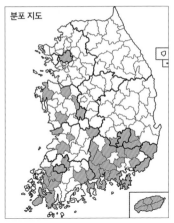

분포 지도

성충 관찰기록 _ 대구, 함안, 산청, 울산, 하동, 고성, 남해, 거제, 진도, 제주 등

고도/월	1	2	3	4	5	6	7	8	9	10	11	12
100m						▨	▨	▨	▨			
200m							▨	▨	▨			
300m						▨		▨				
400m												
500m												
600m												

47

작은검은꼬리박각시

Macroglossum bombylans (Boisduval, [1875])

날개 편 길이	40~45mm
몸길이	22~25mm
출현시기	4~11월
국내 분포	전국
국외 분포	일본, 중국, 대만, 러시아, 베트남 북동부, 인도 북동부, 네팔 북동부
기주식물	덤불꼭두서니, 꼭두서니

몸은 녹색이며 1~3배마디 가장자리에 노란
색 털이 빽빽하다. 앞날개에는 흑갈색과 황갈
색 줄무늬가 있으며 뒷날개는 기부에서 노란
색 인편이 뻗어 나온다. 낮에 꽃댕강나무, 철
쭉, 물봉선, 미선나무, 백일홍, 싸리꽃 등 다양
한 꽃에 날아온다. 주로 저지대에서 보이며 최
대 6화 발생한다. 1화 개체는 4~5월에 보이
며 개체수가 매우 적으나 이후에는 많은 수가
발생하며 8월 중순~10월 사이에 가장 많이
보인다.

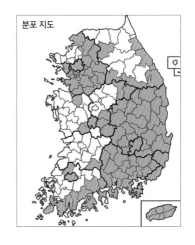

분포 지도

성충 관찰기록 _ 서울, 안동, 봉화, 대구, 함안, 함양, 산청, 울산, 하동, 거제, 해남, 진도, 제주 등

고도/월	1	2	3	4	5	6	7	8	9	10	11	12
100m					■	■	■	■	■	■		
200m				■		■	■	■	■	■	■	
300m					■		■	■	■	■		
400m							■			■		
500m								■	■			
600m												

2023.11.10. 대구

48

벌꼬리박각시

Macroglossum pyrrhostictum (Butler, 1875)

날개 편 길이	42~45mm
몸길이	40~56mm
출현시기	5~11월
국내 분포	전국
국외 분포	일본, 중국, 대만, 러시아, 베트남, 태국, 인도, 파키스탄
기주식물	계요등, 백정화, 나도공단풀

2021.09.18. 울산

검은꼬리박각시보다 작고 앞날개 외연선과 내연선이 뚜렷하며 마지막 배마디에 흰색 점이 있는 것으로 구별 가능하다. 9~10월에 가장 많이 보인다. 주행성으로 저지대의 물가 인근 꽃에서 많이 보이며 냇가에서 물을 빨기도 하는데, 제주 한라산 백록담에서도 보일 만큼 분포범위가 넓다. 유아등에 날아오나 검은꼬리박각시에 비해 유인 개체수가 뚜렷하게 적다.

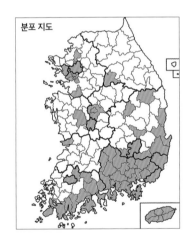

분포 지도

성충 관찰기록 _ 대전, 대구, 함안, 산청, 하동, 거제, 울산, 해남, 진도, 제주 등

고도/월	1	2	3	4	5	6	7	8	9	10	11	12
100m						■	■	■	■	■	■	
200m									■			
300m												
400m									■			
500m									■			
1,900m										■		

49

검은꼬리박각시

Macroglossum saga (Butler, 1878)

날개 편 길이	54~66mm
몸길이	35~38mm
출현시기	5~10월
국내 분포	전국
국외 분포	일본, 중국, 대만, 러시아, 베트남, 태국, 인도 시킴, 네팔, 부탄
기주식물	굴거리나무, 좀굴거리나무

벌꼬리박각시에 비해 크며, 날개 기부 근처 가슴 가장자리에 있는 둥그스름한 삼각형 무늬가 흐릿하고, 앞날개는 대체로 흑갈색이며 내연선 경계가 뚜렷하다. 벌꼬리박각시와 달리 산림 인근에서 5~6월에 가장 많이 보인다. 주로 해 지기 전과 해 뜨기 전에 많이 활동하고 밤에 불빛에도 자주 날아온다.

분포 지도

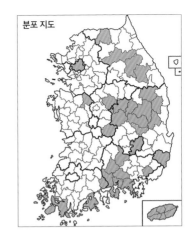

성충 관찰기록 _ 화천, 안동, 봉화, 영양, 대구, 합천, 산청, 하동, 해남, 진도, 제주 등

고도/월	1	2	3	4	5	6	7	8	9	10	11	12
100m					■	■				■		
200m					■	■						
300m					■	■		■	■			
400m					■				■			
500m					■		■					
900m							■					

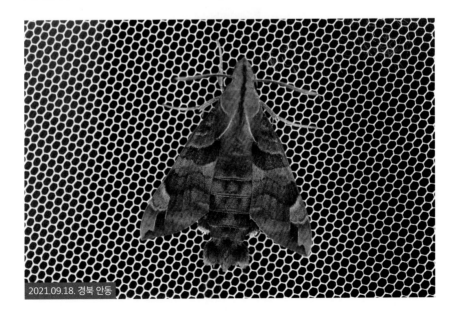

2021.09.18. 경북 안동

50

뾰족벌꼬리박각시

Macroglossum corythus Walker, 1856

전남 신안 흑산도

날개 편 길이	50~60mm
몸길이	35~40mm
출현시기	7~10월
국내 분포	일시적 유입(남해, 서해와 접한 지역)
분포	중국 남부, 대만, 일본 남부, 태국, 베트남, 인도네시아, 말레이시아, 필리핀
기주식물	계요등

벌꼬리박각시나 검은꼬리박각시와 생김새가 비슷하나 앞날개 외연선 구분이 뚜렷하지 않으며 벌꼬리박각시에 비해 가슴 가장자리에 있는 삼각형 무늬가 희미하다. 2016년부터 경남과 전남 지역에서 관찰기록이 있으며, 2020년에 보고되었다(Choi, Kim & Jeon, 2020). 8, 9월 관찰기록이 있으며, 밤에 유아등에도 날아온다고 한다. 홍콩에서 란타나꽃과 듀란타꽃에 자주 날아온다.

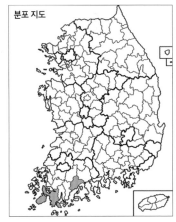

분포 지도

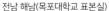

전남 해남(목포대학교 표본실)

인도네시아 수마트라섬

51

흑산벌꼬리박각시

Macroglossum passalus (Drury, 1773)

2023.06.14. 일본 오키나와

날개 편 길이	52~55mm
몸길이	35~38mm
출현 시기	발견기록_22년 9월 27일
국내 분포	일시적 유입(전남 신안 흑산도)
국외 분포	일본 오키나와, 중국 남부, 대만, 인도네시아, 필리핀, 인도
기주식물	굴거리나무속, *Photinia*, 홍가시나무, 거지덩굴

해외에서는 검은꼬리박각시처럼 해 지기 전과 해 뜨기 전에 많이 보이며 밤에 유아등에도 날아온다. 2022년에 전남 신안 흑산도에서 발견되었으며 2023년에 정식 게재되었다. 국내에 서식하지는 않으며, 해외에서는 5~9월에 듀란타꽃과 란타나꽃에서 자주 보인다. 꼬리박각시속 다른 종에 비해 앞날개 경계선이 흐릿하나 중횡대 색이 밝아서 외횡대 및 내횡대와 구분된다.

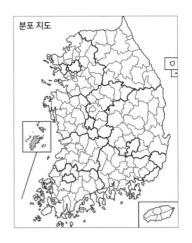

분포 지도

2022.09.27. 전남 신안 흑산도 ⓒ 오해룡

52

일자무늬박각시

Macroglossum heliophilum (Boisduval, 1875)

날개 편 길이	50~60mm
몸길이	35~40mm
출현시기	9~10월
국내 분포	일시적 유입(제주)
국외 분포	일본, 중국 남부, 대만, 베트남, 태국, 말레이시아, 인도네시아, 인도 북부
기주식물	노니

벌꼬리박각시와 생김새가 비슷하나 앞날개 내연선이 둥근 벌꼬리박각시와 달리 '1' 자 모양으로 곧다. 가슴 가장자리 삼각형 무늬는 벌꼬리박각시와 비슷하게 뚜렷하며 뒷날개의 검은색 인편이 중횡대까지 오나 후각 부분에서는 외행대까지만 발달한다. 제주에서 처음 보고(Park *et al.*, 1999)된 뒤로 계속 인용되었으나 이후 채집기록이나 표본이 없는 우산접이다.

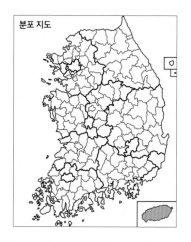

분포 지도

꼬리박각시속 검색표(꼬리박각시, 작은검은꼬리박각시 제외)

1. 앞날개 내횡선이 흐릿하다. ·· **뾰족벌꼬리박각시**
   앞날개 내횡선이 뚜렷하다. ·· 2
2. 앞날개 내횡선이 1자 모양으로 곧다. ··· 3
   앞날개 내횡선이 둥글게 휘었다. ··· 4
3. 뒷날개 윗면 검은색 인편이 후연각에서 급격하게 줄어든다. ················· **일자무늬박각시**
   뒷날개 윗면 검은색 인편이 외연과 평행하게 후연각에 이른다. ··············· **흑산벌꼬리박각시**
4. 가슴 가장자리와 중앙부가 뚜렷하게 구분되며, 뒷날개 윗면 검은색 인편이 후연각에서 급격하게 줄어든다.
   ·· **벌꼬리박각시**
   가슴 가장자리와 중앙부가 뚜렷하게 구분되지 않으며, 뒷날개 윗면 검은색 인편이 외연과 평행하게 후연각에 이른다. ·· **검은꼬리박각시**

꼬리박각시속 4종 비교

내횡선이 둥글게 휜다.

뒷날개의 검은색 인편이 후연각 인근에서 급격하게 줄어든다.

가슴 가장자리와 중앙부가 뚜렷하게 구분되나 가장자리와 중앙부 사이 경계선이 희미하다.

벌꼬리박각시

내횡선이 둥글게 휜다.

가슴 가장자리와 중앙부가 뚜렷하게 구분되나 가장자리와 중앙부 사이 경계선이 뚜렷하다.

뒷날개의 검은색 인편이 외연을 따라 평행하게 후연각까지 이른다.

검은꼬리박각시

가슴 가장자리와 중앙부의 경계가 흐릿하다.

뾰족벌꼬리박각시

내횡선이 1자 모양으로 곧으며 중횡대는 밝은 갈색이다.

가슴 가장자리는 어두운 회색이며 중앙부와 뚜렷하게 구분된다.

뒷날개의 검은색 인편이 외연을 따라 평행하게 후연각까지 이른다.

흑산벌꼬리박각시

* 벌꼬리박각시와 검은꼬리박각시는 분포범위도 같고 서식처도 같을 때가 많아서 구별하기 어렵다. 또한 표본 상태가 나쁠 때는 더욱 구별하기 어려운데, 그럴 때에는 크기로 대강 구별할 수 있다. 검은꼬리박각시는 54~66mm며 벌꼬리 박각시는 40~56mm로 작은 편이다. 그러나 크기는 정확한 동정 기준이 아니므로 생식기 검경이나 유전자분석이 정확하다.

53

꼬리박각시

Macroglossum stellatarum (Linnaeus, 1758)

2019.04.20. 경북 안동

날개 편 길이	40~45mm
몸길이	23~26mm
출현시기	2~11월
국내 분포	전국
국외 분포	일본, 중국, 대만, 몽골, 러시아 등 구북구
기주식물	꼭두서니, 큰잎갈퀴, 큰솔나물

2021.09.10. 경북 안동 ⓒ 이관희

앞날개와 몸은 회갈색이며 뒷날개 내연은 주황색이다. 3, 4배마디 옆에 흰색 털이 빽빽하다. 성충으로 겨울을 나며 9~11월에 가장 많이 보인다. 저지대에서 고지대까지 다양한 지역에서 보이며 국화나 코스모스, 백일홍 등에 날아오는 모습을 흔히 볼 수 있다. 서식지 특성에 따라 먹이활동 시간대에 차이가 있다.

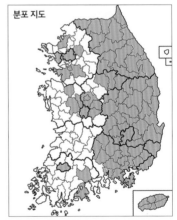

분포 지도

성충 관찰기록 _ 춘천, 횡성, 안동, 봉화, 영양, 청송, 대구, 합천, 산청, 하동, 제주 등

고도/월	1	2	3	4	5	6	7	8	9	10	11	12
100m		▨	▨	▨	▨				▨	▨	▨	
200m				▨					▨	▨	▨	
300m									▨	▨		
400m									▨	▨	▨	
500m									▨	▨		
900m									▨	▨		

54

황나꼬리박각시

Hemaris radians (Walker, 1856)

2019.04.20. 경북 안동

날개 편 길이	40~45mm
몸길이	22~24mm
출현시기	4~9월
국내 분포	전국
국외 분포	일본, 중국, 몽골, 러시아
기주식물	인동, 병꽃나무

2019.04.20. 강원 영월 ⓒ 오해룡

국내 황나꼬리박각시속 다른 종들과 달리 뒷날개 전연과 기부가 노란색인 것으로 구별할 수 있다. 가슴에 무늬가 없으며 몸은 누런 털로 덮였고 2, 3배마디에 검은색 털이 있다. 대체로 산지 인근에서 보이며, 적은 개체가 국지적으로 분포하고 철쭉, 진달래, 꽃댕강나무, 미선나무, 패랭이꽃 등에 날아온다. 4~9월까지 보인다는 기록이 있으나 그나마 4~5월에 개체수가 많은 편이다.

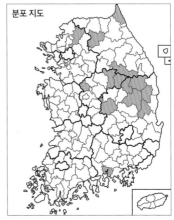

분포 지도

성충 관찰기록 _ 영월, 안동, 영양, 봉화

고도/월	1	2	3	4	5	6	7	8	9	10	11	12
100m				▨	▨							
200m					▨							
300m						▨						
400m												
500m												
600m												

55

검정황나꼬리박각시

Hemaris affinis (Bremer, 1861)

수컷. 경북 안동

날개 편 길이	43~48mm
몸길이	20~26mm
출현시기	4~10월
국내 분포	전국
국외 분포	일본, 중국, 대만, 러시아
기주식물	마타리, 인동

암컷. 경북 안동

몸은 녹황색 털로 덮였고 3, 4배마디에 흑갈색 털이 있다. 큰황나꼬리박각시와 달리 날개 중실을 가로지르는 시맥이 있는 듯하나, 이것은 검은색 인편이 이어져 시맥처럼 보이는 것으로 인편이 쉽게 떨어지기 때문에 시맥이 없는 것 같아 보이는 개체도 많다. 검은색 꼬리털 사이에 넓게 노란색 털이 난다. 암컷은 가슴 가장자리가 흰색 털로 덮였으나 수컷은 밝은 노란색 털로 덮였다. 황나꼬리박각시속 종들 가운데 가장 흔하며 7~9월에 가장 많다.

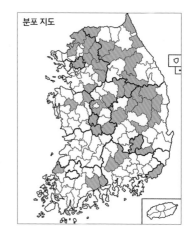

분포 지도

주로 산림 가장자리나 임도 가장자리 같은 산림 주변 개활지에서 보인다.

성충 관찰기록 _ 화천, 춘천, 영월, 안동, 영양, 청송, 대구, 합천, 부산, 목포 등

고도/월	1	2	3	4	5	6	7	8	9	10	11	12
100m												
200m				▨	▨		▨	▨	▨	▨		
300m							▨	▨	▨	▨		
400m								▨	▨	▨		
500m								▨	▨	▨		
600m								▨	▨			

암컷. 경남 합천

한국 박각시 62종

56

북방황나꼬리박각시

Hemaris fuciformis (Linnaeus, 1758)

2021.07.28. 대전

날개 편 길이	37~45mm
몸길이	20~25mm
출현시기	5~8월
국내 분포	중북부지역
국외 분포	중국, 몽골, 러시아
기주식물	인동덩굴속

2017.07. 충북 괴산 ⓒ 구준희

국내에 보고된 황나꼬리박각시속 종들 가운데 털이 가장 녹색이며 M1~M3와 이어진 중실의 횡맥이 가장 두껍다. 주행성으로 코스모스, 박주가리꽃에서 꿀을 빨던 개체를 발견한 기록이 있으며, 주로 7, 8월에 중북부지역에서 보이나 개체수가 매우 적다. 경기 포천 광릉에서 Park (1999)이 처음 보고했다.

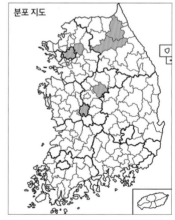

분포 지도

* 대전을 제외한 기록은 인터넷에서 사진을 확인한 개체임

57

큰황나꼬리박각시

Hemaris ottonis (Rothschild & Jordan, 1903)

날개 편 길이	37~57mm
몸길이	22~30mm
출현시기	4~9월
국내 분포	전국
국외 분포	일본, 중국, 러시아
기주식물	인동, 병꽃나무

4, 5배마디에 검은색 털이 빽빽하다. 검정황나꼬리박각시와 생김새가 비슷하나 앞날개 중실이 나뉘지 않고 꼬리털이 대부분 검은색이며, 가슴 가장자리 털이 짙은 노란색인 것으로 구별 가능하다. 산악지대에서 주로 5월과 8월에 보이나 개체수가 매우 적다. 박주가리, 꽃댕강나무, 미선나무, 철쭉, 물봉선, 흰비비추 등 다양한 꽃에 날아온다. 국가생물종목록에서는 *H, staudingeri ottonis*로 기재했으나 *Hemaris ottonis*의 동물이명이다.

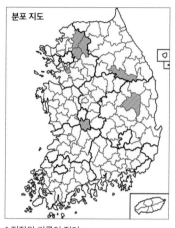

분포 지도

* 저자의 기록이 적어
〈국가생물종지식정보시스템〉의 표본 사진
자료를 추가했음

성충 관찰기록 _ 포천, 가평, 남양주, 영월, 금산, 안동

고도/월	1	2	3	4	5	6	7	8	9	10	11	12
100m												
200m					▨			▨				
300m												
400m												
500m												
600m												

황나꼬리박각시속 검색표

1. 앞날개 중실을 가로지르는 시맥이 없다. ⋯⋯⋯⋯⋯⋯⋯⋯⋯⋯⋯⋯⋯⋯ **큰황나꼬리박각시**

   앞날개 중실을 가로지르는 시맥이 있다. ⋯⋯⋯⋯⋯⋯⋯⋯⋯⋯⋯⋯⋯⋯⋯⋯ 2

2. 뒷날개 기부에 노란색 인편이 있다. ⋯⋯⋯⋯⋯⋯⋯⋯⋯⋯⋯⋯⋯ **황나꼬리박각시**

   뒷날개 기부에 노란색 인편이 없다. ⋯⋯⋯⋯⋯⋯⋯⋯⋯⋯⋯⋯⋯⋯⋯⋯⋯ 3

3. 몸이 연두색이며 중맥과 이어진 중실의 횡맥이 두껍다. ⋯⋯⋯⋯⋯ **북방황나꼬리박각시**

   몸이 노란빛 도는 녹색이며 가슴 가장자리 색이 밝다. ⋯⋯⋯⋯⋯⋯ **검정황나꼬리박각시**

황나꼬리박각시속 4종 비교

앞날개 M1~M3와 이어진 중실의 횡맥이
북방황나꼬리박각시보다 얇으며 중실을
가로지르는 시맥이 있다.

꼬리털 가운데가 노란색이다.

검정황나꼬리박각시

앞날개 중실이 갈라지지 않는다.

꼬리털이 대체로 검은색이다.

큰황나꼬리박각시

M1~M3와 이어진 중실의 횡맥이
검정황나꼬리박각시보다 두껍다.

검정황나꼬리박각시와 달리
몸이 연녹색이다.

2, 3 배마디에는 적갈색 털이 빽빽하다.

북방황나꼬리박각시

뒷날개 기부가 노란색
인편으로 덮였다.

몸에 짙은 노란색 털이 빽빽하다.

황나꼬리박각시

58

털보꼬리박각시

Sphecodima caudata (Bremer and Grey, 1852)

날개 편 길이	60~65mm
몸길이	20~30mm
출현시기	5~8월
국내 분포	전국
국외 분포	중국 동부, 러시아 극동
기주식물	담쟁이덩굴, 개머루, 미국담쟁이덩굴

2020.06.26. 경남 합천

국내에 1속 1종만 있으며 꼬리털과 더듬이가 주황색이다. 앞날개에 흑갈색 얼룩무늬가 있으며 뒷날개 내연각과 외연은 흑갈색, 내연은 노란색 인편으로 덮였다. 해 질 무렵과 이른 밤에 주로 보이며 참나무 수액과 철쭉에 앉아서 먹이활동하는 것을 확인했다. 해외에서는 야생동물 똥에도 날아온다. 나는 모습이 말벌과 비슷하다. 전국에서 발견되나 서식지는 매우 국지적이다.

분포 지도

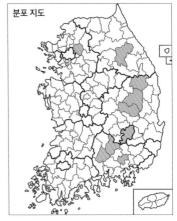

성충 관찰기록 _ 남양주, 평창, 안동, 봉화, 대구, 의성, 합천, 함안, 산청

고도/월	1	2	3	4	5	6	7	8	9	10	11	12
100m												
200m						▨						
300m					▨	▨		▨				
400m						▨						
500m												
600m					▨							

59

흰맥멋장이박각시

Hyles livornica (Esper, 1780)

러시아

날개 편 길이	65~73mm
몸길이	35~38mm
출현시기	7월
국내 분포	일시적 유입(제주)
국외 분포	중국 서부, 러시아 남서부, 몽골, 중앙아시아, 인도 남부, 중동, 유럽, 아프리카
기주식물	포도, 마디풀속, 소리쟁이속

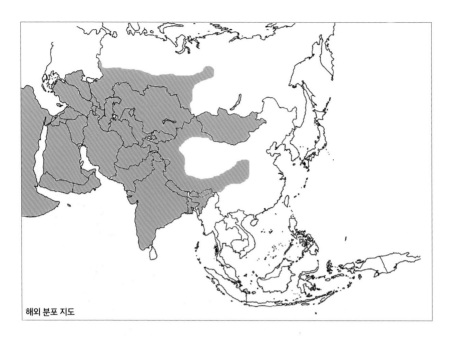

해외 분포 지도

멋쟁이박각시와 달리 앞날개 중맥, 아전연맥
등이 누런색으로 중횡선과 비슷하며, 배에 흰
색 털이 더욱 많이 모여 나 띠를 이룬다. 크기
는 멋쟁이박각시와 비슷하다. 개간한 풀밭, 과
수원에서 보이며, 제주에서 7월에 채집되었다
고 하나 기록이 부족한 것으로 보아 일시적으
로 유입된 듯하다.

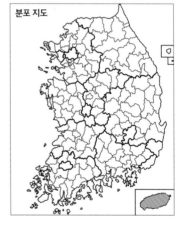

분포 지도

60

멋쟁이박각시

Hyles gallii (Rottemburg, 1775)

러시아

날개 편 길이	65~73mm
몸길이	35~38mm
출현시기	7월
국내 분포	기록 부족(경기 수원, 안산, 광주광역시, 함경)
국외 분포	일본 북부, 중국 북부, 몽골, 러시아, 유럽, 북아메리카
기주식물	꼭두서니과, 바늘꽃과, 마삭줄, 분홍바늘꽃, 달맞이꽃

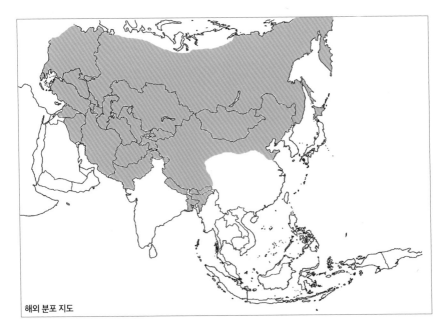

해외 분포 지도

머리와 가슴 외연부는 흰색 털로 덮였으며 가
슴 가운데는 녹황색 털이 빽빽하다. 1~4배마
디 가장자리는 검은색과 흰색 털로 덮였으며,
앞날개는 흰색과 녹갈색 인편이 줄무늬를 이
루고, 뒷날개 중횡선은 흰색과 붉은색 인편이
띠를 이룬다. 국내에서는 Park (1999)이 경기
수원과 광주광역시에서 처음 확인했으며, 그
뒤로 경기 안산 안면도와 제부도에서 발견했
으나 이후 추가 기록이 없고 표본 수도 적다.
Park (1999)에 의하면 마삭줄, 분홍바늘꽃이

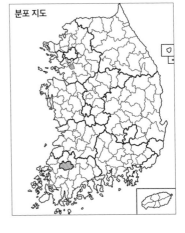

분포 지도

기주식물이라고 하며, 해외에서는 흰맥멋장이박각시처럼 개간지에서 주로 보인다.

61

갈퀴덩굴박각시

Hippotion boerhaviae (Fabricius, 1775)

태국

날개 편 길이	50~68mm
몸길이	30~35mm
출현시기	정보 부족
국내 분포	일시적 유입(금강산)
국외 분포	중국 남부, 인도, 베트남, 인도네시아, 뉴기니, 파키스탄
기주식물	*Oldenlandia*, *Spermacoce*

성충이 날개를 접은 모습과 유충 생김새는 줄박각시속 종들과 매우 비슷하나 성충 뒷날개 내연에 붉은색 인편이 빽빽하게 난 것으로 구별할 수 있다. *H. rafflesii* 및 *H. rosetta*와 생김새가 비슷한데 *H. rafflesii*는 갈퀴덩굴박각시보다 앞날개와 몸 색깔이 더 어둡고 *H. rosetta*는 갈퀴덩굴박각시보다 앞날개가 짧고 앞날개 무늬가 희미하다. 그러나 이것만으로는 구별에 한계가 있으므로 정확히 분류하려면 생식기의 Juxta 형질을 살펴야 한다. 갈퀴덩굴박각시는 야행성으로 불빛에 잘 날아온다. 최북단 서식지는 파키스탄 북부지역이며 일본에서는 미접(류큐 열도), 국내에서는 우산접으로 판단한다. 금강산에서 확인한 것이 한반도 첫 기록이며 『북한의 나방』에 수록되었다.

갈퀴덩굴박각시와 *H. eson* 비교

Hippotion 무리에는 갈퀴덩굴박각시와 생김새가 비슷한 종이 많은데 *H. rafflesii*와 *H. rosetta*를 제외하면 쉽게 분류할 수 있다. 해당 속끼리는 대체로 뒷날개 생김새에서 차이를 보이는데, 뒷날개 기부에서 검은색 인편이 뻗어 나오지 않는 점이 갈퀴덩굴박각시의 가장 큰 특징이다.

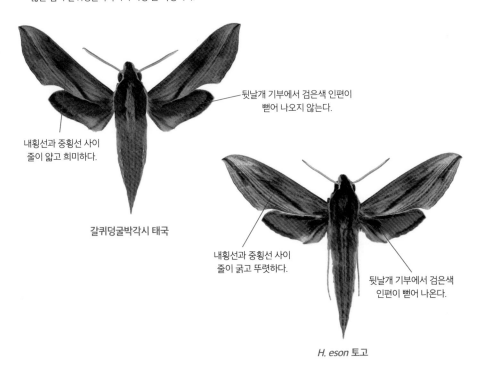

뒷날개 기부에서 검은색 인편이
뻗어 나오지 않는다.

내횡선과 중횡선 사이
줄이 얇고 희미하다.

갈퀴덩굴박각시 태국

내횡선과 중횡선 사이
줄이 굵고 뚜렷하다.

뒷날개 기부에서 검은색
인편이 뻗어 나온다.

H. eson 토고

62

국명미정

Daphnis sp.

D. nerii 토고. 수컷

날개 편 길이	84~126mm
몸길이	35~47mm
출현시기	정보 부족
국내 분포	일시적 유입(제주도)
국외 분포	일본(류큐열도, 오키나와), 중국 남부, 인도네시아, 필리핀 등의 동남아시아 국가, 뉴기니, 베트남, 인도, 파키스탄, 지중해 인접 국가, 아프리카 남부
기주식물	협죽도, 일일화, *Adenium obesum*, *Tabernaemontana divaricata*, *Alstonia scholaris*

국내에서 관찰된 *D. nerii* 추정 유충 ⓒ Leslie Hurteau

동아시아에서 *Daphnis* 무리는 3종이 알려졌으며 이들 종령 유충 기문상선 위아래로 흰색 점이 많은 것이 특징이다. 국내에서 확인된 개체는 유충 형태로 보아 *Daphnis nerii* (Linnaeus, 1758)로 추정한다. 유충은 낮에 낙엽 밑이나 흙 속으로 들어가고 밤이 되면 나와서 꽃과 어린잎을 먹는다. 성충은 *D. hypothous* 와 생김새가 비슷하나 전체적으로 밝은 녹색이며 앞날개 끝부분 흰색 무늬가 다른 점으로 구별 가능하다. *D. nerii*는 빛에 잘 날아오지

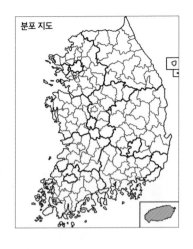

분포 지도

않으나 *D. hypothous*는 매우 잘 날아온다. 아직 문헌에 공식 기록되지는 않았으나 제주도에서 2021년과 2023년에 각 1회씩 전용 직전 종령 유충이 확인되었다. 앞으로 또다시 확인될 것이라는 확신이 없어서 일단 도감에 기재하고 주기적으로 조사하고 있다. 일본에서는 2종(*D. hypothous, D. nerii*)이 확인되었고 *D. nerii*는 대만, 오키나와 일대에서 서식하나 매년 여름부터 가을 사이에 규슈의 후쿠오카, 시모노세키 등으로 북상하는데, 국내에서 발견된 개체도 제주도를 통과하는 태풍을 따라 유입되었을 것으로 추정한다. 일본 규슈에 유입된 개체군이 겨울을 버티지 못하는 것으로 보아 제주도에 유입된 개체도 사멸할 것으로 보인다. 기주식물인 협죽도는 독성이 강해 식물 채집 시 주의해야 한다.

D. nerii와 D. hypothous 비교

앞날개 끝부분 흰색 무늬가
둥글게 휜다.

몸과 앞날개가 밝은 녹색이다.

D. nerii 암컷

앞날개 끝부분 흰색 무늬가
뾰족하게 휜다.

몸과 앞날개가 어두운 녹색이다.

D. hypothous 수컷

박각시로 혼동되는 나방

국내에 사는 나방 가운데 생김새가 박각시와 비슷한 종이 많으며, 대체로 재주나방과, 박쥐나방과, 굴벌레나방과에 속한다.

재주나방과 더듬이가 대체로 빗살 모양이며 뒷날개 기부에 날개가시가 없다. 배는 원통형이다.

박쥐나방과 더듬이가 매우 짧으며 날개걸이가 있는데도 날 때 앞날개와 뒷날개가 따로 움직이는 것처럼 보인다.

굴벌레나방과 암컷 더듬이는 빗살 모양이며 수컷 더듬이는 가느다란 실 모양이다. 뒷날개 기부에 날개가시가 있고 앞날개 중실과 중맥 모양이 박쥐나방과와 다르다. 주둥이가 박각시과에 비해 짧으며 퇴화했다.

박각시과 주둥이가 다른 나방에 비해 길며 날개에 비해 몸이 크고 방추형이다. 더듬이는 굵은 실 모양이다.

왕재주나방

박쥐나방

굴벌레큰나방

검은꼬리박각시

채집

박각시는 식물의 꿀이나 수액 같은 즙을 먹으며 주행성과 야행성 종이 있어 특정 종을 채집하려면 사전에 그 종의 생태 정보를 파악해야 한다.

주행성 종 채집

주행성 종은 대체로 꽃에서 정지비행하며 꿀을 빼는 모습을 볼 수 있다. 채송화 같은 원반 모양 꽃에서 꿀을 빨기도 하나 대부분은 꽃댕강나무 처럼 대롱 모양인 꽃에 모인다. 대부분 종이 인편이 잘 떨어지므로 상태 좋은 표본을 만들려면 부드러운 포충망으로 채집하고 바로 독병에 넣어야 한다. 독병에는 주로 암모니아나 에틸아세테이트를 넣는데, 휘발성이 강하고 인체에 치명적이니 직접 냄새 맡거나 만지지 말아야 한다.

낮에 활동하는 벌꼬리박각시(왼쪽)와 검정황나꼬리박각시(오른쪽)

야행성 종 채집　야행성 종 대부분은 불빛에 잘 모인다. 종마다 빛에 이끌리는 정도는 다르지만 등화채집이 가장 효율이 높다. 종에 따라 활동시간이 다르기도 해서 특정 종을 채집하려면 종과 조사 지역의 특성을 미리 파악해야 한다. 밤에 달맞이꽃이나 수액에 모이는 종도 있는데 이런 종은 워낙 빛에 민감하고 민첩해서 채집하기 어렵다. 야간 채집에서도 독병이 필요하다.

밤에 수액을 먹으러 온 머루박각시

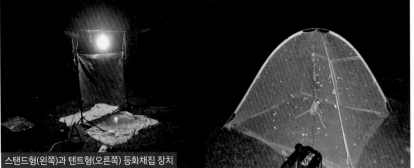

스탠드형(왼쪽)과 텐트형(오른쪽) 등화채집 장치

표본제작 방법

연화   표본 자세를 잡을 때 잘 움직이도록 죽은 지 오래되어 근육이 굳은 곤충을 부드럽게 하는 과정이다. 보통 뜨거운 수증기를 쐬어 주면 되는데, 색상이 화려한 종이라면 미지근한 수증기를 쐬어야 변색을 줄일 수 있다. 채집 직후 개체에는 연화 과정이 필요 없으며 채집한 지 오래되어 관절이 잘 움직이지 않는 개체일 때 필요하다.

전시 및 건조   전시는 날개를 펴 고정하는 과정이다. 유산지로 날개를 덮고 핀셋이나 핀으로 날개 위치를 조절한 뒤에 날개 주변에 핀을 박아 고정한다. 박각시는 날개걸이가 있어 날 때 앞뒤 날개가 같이 움직이지만 채집하고 나면 날개걸이가 풀려 있을 때가 종종 있다. 이때는 앞뒤 날개를 따로 고정하든지 날개걸이를 걸어 같이 고정한다.

건조는 모양을 고정한 곤충을 말리는 과정으로 1~2주간 건조한 곳에 놓아둔다. 나비목 종은 대체로 배와 가슴이 두껍지만 약해 쉽게 파손되고 표본을 먹는 곤충이 꾀어 훼손될 가능성도 높다. 우리나라는 계절에 따른 온습도 변화가 커서 완전히 건조되지 않는다면 모양이 흐트러지기 쉬우므로 사실상 특수한 표본 보관시설이 없다면 오랜 기간 완벽한 상태로 보관하기는 어렵다.

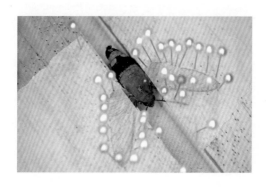

라벨링 건조한 표본에 대한 정보를 적고 표본과 함께 핀으로 고정하는 과정이다. 라벨에는 채집 일자, 학명, 채집자, 채집 장소를 반드시 표기하며, 상황에 따라 기주식물 같은 부가 정보도 표기한다. 요즘에는 QR코드를 넣어 정보와 연결해 주기도 한다. 라벨이 없는 표본은 학술적 가치가 없으므로 꼭 작성해 표본과 함께 보관한다.

라벨 양식

Daegu Hwawon	← 채집 장소
18, ix, 2021	← 채집 일자
H. W. Nam	← 채집자

| *Cephonodes hyla* | ← 학명 |
| 줄녹색박각시 | ← 국명 |

표본 도구

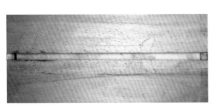

전시판

유산지. 핀셋, 표본용 핀

국외반출 승인대상 생물자원

「생물다양성 보전 및 이용에 관한 법률」 제11조의 규정에 따라 생물다양성 보전을 위해 국외로 반출하려면 승인을 받아야 하는 종이 정해져 있다. 이런 종을 환경부 장관 허가 없이 국외로 반출하다가 적발되면 「야생동식물보호법」 제69조 규정에 의해 2년 이하의 징역형이나 1,000만 원 이하 벌금형을 받게 된다.

2019년 기준으로 박각시과에서는 갈고리박각시, 노랑갈고리박각시, 주홍박각시, 점박각시, 북방황나꼬리박각시, 멋쟁이박각시, 대왕박각시, 뱀눈박각시, 갈색박각시 9종이 해당한다.

미접과 우산접

특정 요인으로 국내에 들어와서 일정 기간 서식하는 외국 나비를 미접(迷蝶)이라 하고 나방은 미아(迷蛾)라고 하는데, 혼용하는 일이 많아서 이 책에서는 미접으로 통일했다. 우산접(偶産蝶)은 바람이나 기류에 실려 먼 지역에 살던 나비 혹은 나방 중에 일회적으로 국내에 들어온 종을 말한다. 이 중에는 주기적으로 유입되는 종도 있고 일시적인 종도 있으며, 한때 유입된 기록이 있으나 추가 기록이 전혀 없는 종도 있다. 현재 문헌에는 11종이 기록되었으며, 비공식 기록까지 더하면 13종으로 *Acherontia lachesis* (국명미정), 동방호랑박각시, *Daphnis sp.* (국명미정), 뒷흰남방박각시, 노랑줄박각시, 세줄박각시, 큰줄박각시, 뾰족벌꼬리박각시, 흑산벌꼬리박각시, 일자무늬박각시, 흰맥멋장이박각시, 멋쟁이박각시, 갈퀴덩굴박각시가 있다.

이들 중 서해에서만 확인되는 종과 남해 및 동해에서만 확인되는 종이 있으며, 같은 종이더라도 시기와 기상 상태에 따라 국내 유입 경로가 다르기도 하다. 최근 들어서는 기후 온난화로 미접 개체수와 미기록종 보고가 늘고 있다. 일부 종은 국내에서도 기주식물이 서식해 정착할 가능성도 높은데, 이미 세줄박각시, 노랑줄박각시, 뾰족벌꼬리박각시는 국내에서 유충이 확인되기도 했다. 이들이 국내의 혹독한 겨울 추위를 버티기는 힘들어 보이지만 겨울 기온이 점점 높아지면 정착할 가능성도 있으므로 지속적인 관찰이 필요하다.

제부도에 나타난 멋쟁이박각시 ⓒ 오해룡(채집: 박동하)

조사 범위, 개요, 분석

조사 기간,
방법, 지역
국내에서 박각시에 대한 조사는 제주대학교(한국산 박각시과의 계절적 소장, 1997년), 국립농업과학원(불나방과, 독나방과, 재주나방과, 박각시과 정리, 2000년), 경북대학교(한반도의 박각시과의 시공간적 분포변화에 관한 연구, 2015년)에서 수행했으며 저자는 그에 더해 최근 분포 및 출현 종 현황을 알아보고 이 책에 적용하고자 2019년부터 2023년까지 4년간 추가 조사를 진행했다.

조사 결과 국내에 서식하는 박각시는 49종, 해외에서 일시적으로 유입되는 종은 13종으로 총 62종을 확인했다. 해외에서 일시적으로 유입되는 종이 주기적으로 발견되고 미기록종도 추가되고 있으므로 지속적인 관찰이 필요하다.

조사 방법으로는 포충망 스위핑, 육안, 유아등(誘蛾燈) 트랩(400와트)을 사용했으며, 조사 지역은 다음과 같다.

경기도	연천, 포천, 동두천, 의정부, 양주, 남양주, 가평
강원도	고성, 양양, 강릉, 화천, 춘천, 홍천, 횡성, 평창, 영월, 정선, 태백, 삼척, 동해
경상북도	안동, 봉화, 영주, 예천, 문경, 영양, 청송, 영덕, 울진, 의성, 상주, 구미, 군위, 칠곡, 김천, 성주, 고령, 포항, 대구, 청도, 경산, 경주, 영천
경상남도	거창, 합천, 함양, 산청, 의령, 창녕, 밀양, 울산, 양산, 김해, 부산, 함안, 창원, 진주, 하동, 사천, 고성, 거제, 남해
전라남도	광양, 여수, 순천, 보성, 장흥, 고흥, 해남, 완도, 목포, 진도
전라북도	전주, 정읍, 부안, 고창
충청북도	제천, 단양, 청원, 청주, 대전
충청남도	천안
제주도	서귀포, 제주, 구좌, 조천, 성산

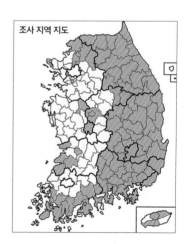

조사 지역 지도

서식처 분류 온대 기후대인 우리나라에 정착한 생물은 춥고 건조한 겨울을 견딜 수 있어야 하며, 비교적 추운 기후에 적응한 종은 중북부지역에, 따뜻한 기후에 적응한 종은 남부지역에 분포한다. 박각시나 박각시의 기주식물 분포도 마찬가지다.

박각시 서식처는 기주식물 유무, 환경저항 등에 따라 결정되는데, 먹이식물 식재 같은 인위적 요소에 따라 분포범위가 변하기도 한다. 예로 치자나무가 기주식물인 줄녹색박각시는 본래 치자나무가 자생하는 남부지역에 살았는데, 최근 치자나무를 심은 대구 군위에서도 한살이를 이어 가고 있다. 분포범위에 변화가 있더라도 박각시가 보이는 장소는 비슷해서 활동영역을 크게 산림과 풀밭으로 나눌 수 있는데, 최근 자연림이 확장되고 택지 개발이 늘며 평지 풀밭 서식처가 줄고 있다. 조사 결과 이동성이 큰 박각시더라도 서식지가 훼손되며 국지적으로 나타나는 종이 많았다.

박각시는 나방 무리에서도 큰 편이고 동정이 쉬운 만큼 환경성 조사에서 지표로 사용할 만하다고 판단해 조사 기간 중 관찰한 결과와 해외 관찰기록을 토대로 다음과 같이 성충의 서식 특성을 정리했다.

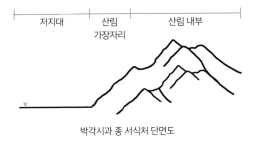

박각시과 종 서식처 단면도

아과별 서식처 분류

구분	저지대(종)	산림 가장자리(종)	산림 내부(종)
박각시아과	6	6	6
버들박각시아과	23	24	23
꼬리박각시아과	18	18	16

* 저지대는 해발 300m 이하

박각시 종 대부분이 유충 때에는 기주식물 분포에 따라 서식지가 제한되지만, 성충이 되면 비행능력이 뛰어나 먹이원이 있는 여러 지역으로 이동한다. 이런 특성이 있는데도 특정 지대에서 특정 종이 자주 발견되는 경향이 있는데, 그 결과는 다음과 같다.

종별 서식처 분류

구분	저지대(해발 300m 이하)		산림 가장자리		산림 내부	
	풀밭	구릉지대	산림 가장자리	능선부	풀밭	숲속
박각시	○	○	○	○	○	○
탈박각시	○	○	○	○	○	○
줄홍색박각시	○	○	○	○	○	
솔박각시	○	○	○	○	○	○
쥐박각시		○	○	○	○	○
큰쥐박각시	○		○	○	○	○
아시아갈고리박각시		○	○	○	○	○
점갈고리박각시		○	○	○	○	○
갈고리박각시		○	○	○	○	○
노랑갈고리박각시		○	○	○	○	○
물결박각시	○	○	○	○	○	○
애물결박각시	○	○	○	○	○	○
갈색박각시	○	○	○	○		
점박각시		○	○	○	○	○
물결무늬점박각시		○	○	○	○	○
버들박각시		○	○	○	○	○
뱀눈박각시	○	○	○	○	○	○
톱날개박각시		○	○	○	○	○
벚나무박각시	○	○	○	○	○	○
콩박각시	○	○	○	○	○	○

구분	저지대(해발 300m 이하)		산림 가장자리		산림 내부	
	풀밭	구릉지대	산림 가장자리	능선부	풀밭	숲속
무늬콩박각시	O	O	O	O	O	O
제주등줄박각시	O	O	O	O	O	O
산등줄박각시		O	O	O	O	O
분홍등줄박각시	O	O	O	O	O	O
등줄박각시		O	O	O	O	O
작은등줄박각시		O	O	O	O	O
대왕박각시		O	O	O	O	O
톱갈색박각시			O	O	O	O
녹색박각시	O	O	O	O	O	O
닥나무박각시	O	O	O	O	O	O
포도박각시	O	O	O	O	O	O
산포도박각시	O	O	O	O		
머루박각시	O	O	O	O	O	O
줄박각시	O	O	O	O	O	O
우단박각시	O	O	O	O	O	O
애기박각시	O	O	O	O	O	
주홍박각시	O	O	O	O	O	O
줄녹색박각시	O	O	O	O	O	
애벌꼬리박각시	O	O	O	O	O	
작은검은꼬리박각시	O	O	O	O	O	
벌꼬리박각시	O	O	O	O	O	
검은꼬리박각시		O	O	O	O	O
꼬리박각시	O	O	O	O	O	O
황나꼬리박각시	O	O	O	O	O	
검정황나꼬리박각시		O	O	O	O	O
북방황나꼬리박각시	O				O	
큰황나꼬리박각시		O	O	O	O	
털보꼬리박각시	O	O	O	O		O

등화채집
유인 성향

등줄박각시속 종은 다른 속 종에 비해 늦은 시간에 날아왔으며 개체 수도 꾸준히 유지되었다. 갈고리박각시속 종은 해가 진 뒤부터 새벽 1시까지 일정 개체수가 꾸준히 날아왔다.

포도박각시속에서는 종마다 유아등에 날아오는 시간대에 차이가 있었다. 산포도박각시는 포도박각시에 비해 개체수도 적고 국지적으로 나타나는 종이어서인지 주로 밤 9시 30분 이후부터 날아왔는데, 포도박각시는 전국에 분포하고 개체수가 많아서인지 새벽 1시까지 많은 개체수가 꾸준히 날아왔다. 그러나 지역마다 편차가 컸다.

수는 적지만 주행성인 작은검은꼬리박각시, 꼬리박각시, 벌꼬리박각시도 날아왔다. 다만 유아등을 켠 위치 인근에 우연히 이 종들이 있었을 가능성도 있어서 특정 시간대에 이끌려 왔다고 보기는 어렵다. 또한 노랑줄박각시를 제외한 일시적으로 국내에 유입되는 종과 개체수가 적은 종도 기록을 그대로 믿기 어렵다.

등화채집 특성상 채집 지역, 시간, 지역 내 종별 개체수와 다양성에 차이가 있을 수밖에 없으므로 데이터 오류를 줄이고자 2022년 여름부터 2023년 가을까지 시간대별로 관찰한 개체수를 더해 상대적으로 많은 개체수가 집중적으로 날아온 시간대를 표로 정리했다. 표에서 막대로 표시한 부분은 총합 개체수가 많은 시간이며 막대로 표시하지 않은 구간은 개체수가 급감한 구간이고 별표(*)는 막대로 표시한 시간대에서 동떨어진 시간에 상당수가 날아온 경우이다.

종별 유아등 유인 시간대

종명	유인 시간								
	19:00	20:00	21:00	22:00	23:00	24:00	01:00	02:00	03:00
산포도박각시									
포도박각시									
박각시									
갈고리박각시									
점갈고리박각시									
아시아갈고리박각시									
머루박각시									*
애벌꼬리박각시									
녹색박각시									
콩박각시									
무늬콩박각시									
애기박각시									
주홍박각시									
애물결박각시								*	
물결박각시									
점박각시									
물결무늬점박각시									
대왕박각시									
톱날개박각시									*
작은검은꼬리박각시									
뾰족벌꼬리박각시									
벌꼬리박각시									
검은꼬리박각시									*
분홍등줄박각시									
작은등줄박각시									
산등줄박각시		*							
제주등줄박각시		*							
등줄박각시									
쥐박각시									
톱갈색박각시									
닥나무박각시									
벚나무박각시									
큰쥐박각시									*
우단박각시								*	
버들박각시									
뱀눈박각시									
털보꼬리박각시									
갈색박각시									
줄홍색박각시									
솔박각시							*		
큰줄박각시									
줄박각시							*		
노랑줄박각시									
세줄박각시									

종별 활동시간과 유아등 유인성

종명	활동시간	유인성	종명	활동시간	유인성
줄녹색박각시	주행성	×	쥐박각시	야행성	○
검정황나꼬리박각시			톱갈색박각시		
북방황나꼬리박각시			닥나무박각시		
황나꼬리박각시			벚나무박각시		
큰황나꼬리박각시			큰쥐박각시		
작은검은꼬리박각시			우단박각시		
뽀족벌꼬리박각시			버들박각시		
일자무늬박각시			뱀눈박각시		
벌꼬리박각시			동방호랑박각시		
꼬리박각시			갈색박각시		
검은꼬리박각시	미명성		붉은솔박각시		
털보꼬리박각시			줄홍색박각시		
콩박각시	야행성	○	솔박각시		
무늬콩박각시			큰줄박각시		
애기박각시			줄박각시		
주홍박각시			노랑줄박각시		
애물결박각시			세줄박각시		
물결박각시			탈박각시		
갈퀴덩굴박각시			산포도박각시		
멋쟁이박각시			포도박각시		
흰맥멋장이박각시			박각시		
점박각시			갈고리박각시		
물결무늬점박각시			점갈고리박각시		
대왕박각시			노랑갈고리박각시		
톱날개박각시			아시아갈고리박각시		
분홍등줄박각시			머루박각시		
작은등줄박각시			애벌꼬리박각시		
산등줄박각시			뒷흰남방박각시		
제주등줄박각시			녹색박각시		
등줄박각시			*Daphnis nerii*		약함

학명 및 국명으로 찾기

국명

학명

빨리 찾기

※ 도판 크기는 실제 크기와 무관함

p.024 박각시 *Agrius convolvuli*

p.027 탈박각시 *Acherontia styx medusa*

p.029 국명미정 *Acherontia lachesis*

p.036 줄홍색박각시 *Sphinx ligustri amurensis*

p.038 솔박각시 *Sphinx morio arestus*

p.043 쥐박각시 *Meganoton scribae*

박각시아과 (Sphinginae)

p.045 큰쥐박각시 | *Psilogramma increta*

p.048 아시아갈고리박각시
Ambulyx sericeipennis tobii

p.051 점갈고리박각시 | *Ambulyx ochracea*

p.053 갈고리박각시 | *Ambulyx japonica koreana*

p.055 노랑갈고리박각시 | *Ambulyx schauffelbergeri*

p.060 물결박각시 | *Dolbina tancrei*

p.062 애물결박각시 | *Dolbina exacta*

p.065 갈색박각시 *Sphingulus mus*

p.067 점박각시 *Kentrochrysalis sieversi*

p.070 물결무늬점박각시 *Kentrochrysalis streckeri*

p.076 뱀눈박각시 *Smerinthus planus*

p.072 버들박각시 *Smerinthus caecus*

p.081 톱날개박각시 *Laothoe amurensis*

p.083 벚나무박각시 *Phyllosphingia dissimilis*

p.078 동방호랑박각시 *Daphnusa sinocontinentalis*

버들박각시아과 (Smerinthinae)

p.101 대왕박각시 *Langia zenzeroides*

p.085 콩박각시 *Clanis bilineata*

p.087 무늬콩박각시 *Clanis undulosa*

p.108 톱갈색박각시 *Mimas christophi*

p.120 닥나무박각시 *Parum colligata*

p.113 녹색박각시 *Callambulyx tatarinovii*

p.115 뒷흰남방박각시 *Callambulyx rubricosa*

p.091 제주등줄박각시 *Marumba spectabilis*

p.094 산등줄박각시 *Marumba maackii*

p.096 분홍등줄박각시 *Marumba gaschkewitschii*

p.100 작은등줄박각시 *Marumba jankowskii*

p.098 등줄박각시 *Marumba sperchius*

p.122 포도박각시 *Acosmeryx naga*

p.124 산포도박각시 *Acosmeryx castanea*

p.129 노랑줄박각시 *Theretra nessus*

p.131 줄박각시 *Theretra japonica*

버들박각시아과 (Smerinthinae)

꼬리박각시아과 (Macroglossinae)

p.133 세줄박각시 *Theretra oldenlandiae*

p.137 큰줄박각시 *Theretra clotho*

p.142 우단박각시 *Rhagastis mongoliana*

p.127 머루박각시 *Ampelophaga rubiginosa*

p.144 애기박각시 *Deilephila askoldensis*

p.146 주홍박각시 *Deilephila elpenor*

p.148 줄녹색박각시 *Cephonodes hylas*

p.176 털보꼬리박각시 *Sphecodima caudata*

꼬리박각시아과 (Macroglossinae)

p.166 황나꼬리박각시 *Hemaris radians*

p.168 검정황나꼬리박각시 *Hemaris affinis*

p.171 북방황나꼬리박각시 *Hemaris fuciformis*

p.173 큰황나꼬리박각시 *Hemaris ottonis*

p.152 작은검은꼬리박각시 *Macroglossum bombylans*

p.154 벌꼬리박각시 *Macroglossum pyrrhostictum*

p.156 검은꼬리박각시 *Macroglossum saga*

p.158 뾰족벌꼬리박각시 *Macroglossum corythus*

꼬리박각시아과 (Macroglossinae)

꼬리박각시아과 (Macroglossinae)

p.160 흑산벌꼬리박각시 *Macroglossum passalus*

p.164 꼬리박각시 *Macroglossum stellatarum*

p.150 애벌꼬리박각시 *Aspledon himachala*

p.178 흰맥멋장이박각시 *Hyles livornica*

p.180 멋쟁이박각시 *Hyles gallii*

p.182 갈퀴덩굴박각시 *Hippotion boerhaviae*

p.184 국명미정 *Daphnis nerii*